活力地球

陈颙　张尉　编著

科学出版社

北京

内 容 简 介

本书是一部简易的"地球百科全书"，旨在通过介绍地球上的各种自然灾害，展示地球的活动性以及人与自然的复杂关系。全书从宜居地球的角度出发，以地球能量为线索，把地震、火山、海啸、天气和气候、洪水和干旱、滑坡和泥石流，以及近地空间等灾害串联为一个整体，引导读者全面认识地球家园的结构、环境、历史以及与人类的关系，理解地球与人类是一个共同生命体。在当前人地关系日益严峻的背景下，本书对于提高读者认识地球、敬畏自然、和谐相处、科学减灾的意识具有重要意义。

本书涵盖自然科学、工程科学和社会经济科学等多个学科领域，文字通俗易懂，生动活泼，兼具思想性、科学性和趣味性，适合不同层次的研究人员及大众阅读。同时，本书为认识和减轻自然灾害提供了有益的启示，适用于从事地球科学、减灾科学等领域的各级管理人员参考。

审图号：GS京（2023）0263号

图书在版编目（CIP）数据

活力地球 / 陈颙，张尉编著. — 北京：科学出版社，2023.9
ISBN 978-7-03-074441-8

Ⅰ.①活… Ⅱ.①陈… ②张… Ⅲ.①地球科学－普及读物 Ⅳ.①P-49

中国版本图书馆CIP数据核字（2022）第252067号

责任编辑：韩　鹏　崔　妍 / 责任校对：何艳萍
责任印制：肖　兴 / 书籍设计：北京美光设计制版有限公司

科 学 出 版 社 出版

北京东黄城根北街16号
邮政编码：100717
http://www.sciencep.com

北京中科印刷有限公司印刷

科学出版社发行　各地新华书店经销

*

2023年9月第 一 版　开本：720×1000　1/16
2024年5月第四次印刷　印张：18
字数：363 000

定价：98.00元
（如有印装质量问题，我社负责调换）

序
Foreword

　　陈颙院士要我为他与张尉编著的《活力地球》写序，自然是我莫大的荣幸。此前，他已经出版了"院士谈减轻自然灾害"系列丛书，包括了《地震灾害》《火山灾害》《海啸灾害》《空间灾害》《减轻自然灾害》《滑坡灾害》六个分册，出版后受到广泛赞誉。

　　《活力地球》一书是陈颙院士集其毕生所学的用心、倾心之作。贯穿全书的是当今地球科学研究领域广为推崇的"地球系统科学"的思想以及宜居地球的最新理念，能够将地球的不同圈层（大气圈、水圈、生物圈、岩石圈）及其相互作用关系娓娓道来，没有深厚的知识积累和对地球演化的整体理解，是很难做到的。起名"活力地球"也非常传神，地球的活力来自地球内外的能量；没有能量，就没有地球上的各种物质之循环以及地球之神奇万物，包括我们人类自身；因此，没有活力，就谈不上宜居。正是从这一思路出发，逐一讲述人类面临的各种自然灾害现象。

　　陈颙院士在平常与我的闲聊中，也常常感叹：当今市场所见的科普书中，许多都不能免去"天下文章一大抄"之俗。诚然，许多东拼西凑来的东西，外表光亮，但由于缺少了作者自身的思考而缺少了灵魂。于是，他下决心写一本原创的科普书。然而，如何保障科学性与权威性，又同时兼顾通俗性呢？这是科学普及的永恒难题。为此，作者可谓煞费苦心，对于那些对普通读者比较生疏的专业词汇，作者想出了大量生动的比喻（其中大量的比喻我还是头一次听说）。从书中章节的名称开始，读者可以体会作者的良苦用心。譬如，将"地热能"比喻为"地下的太阳"，将"寒流"比喻为"'顶牛'的风"。在行文中，这样的案例比比皆是，例如，将"板块的边界"比喻为"岩石圈的裂缝"，将"地幔柱"比喻为"岩石圈的破洞"。

《活力地球》是一部常规意义上的高级科普书，有较强的专业性，同时又因为涉及话题的广泛性，适合不同领域的读者阅读。然而，我更愿意将其归入著名的科普作家卞毓麟先生提出的"元科普"的范畴。所谓元科普追求的不是畅销，而是权威和标杆，以及严谨的科学态度。

我与陈颙院士称得上是忘年之交。作为前辈，他一生刚正不阿，以身作则，提携后辈不遗余力；作为晚辈，在过去二十多年的交往中，我从他身上学到了不少宝贵的东西，特别是知识分子的独立精神。然而，属于天赋的东西，也不是一般人所能学得，譬如，他通常话语不多，说话也不快，但凡所言皆逻辑清晰，富有哲理与智慧。这个风格也体现在他的文字中，满满的干货，很少见到无用的空话和废话。

正如作者在书中所表达的一样，常识中的许多自然灾害如火山，其实也不完全都是有害无益的，从历史的教训中，人类需要学会的不仅仅是防患未然，更需要的是对大自然的敬畏之心，只有当我们学会了更好地与自然和谐共处，正如中国古人所倡导的"天人合一"，唯有如此，我们恐怕才能更好地理解什么是真正的"宜居地球"。因此，《活力地球》虽然侧重的是自然灾害，然而作者所要表达的更深层次的理念却是我们应当通过科学地认识自然，尊重自然，才能寻找到更好的生存之道。

中国科学院院士
中国科普作家协会理事长　周忠和

前　言
Preface

这是一本介绍地球和人的科普读物。

地球是我们的家园，我们首先要知道这个家园的结构和环境、家园的历史、家园的主人和邻居等基本情况，许多学科分别从各自的角度介绍过，本书希望从"宜居地球"的角度来认识它。

地球每天都在发生变化，我们称它为"活力地球（dynamic Earth)"。驱动地球变化的能量主要来自太阳能和地热能（"地下的太阳"），能量之巨大，远远超出人类活动的能量。如果不敬畏自然、不顺应自然，就会遭到惩罚。

地球46亿年历史的最后几百万年，人类出现了。在人类社会早期，人类消极地顺从和敬畏自然。后来，特别是现代科技发展后，人类的力量迅速变得强大，人们产生了"人类主宰自然""人定胜天"的思想，人与自然处于对立关系。大自然对这种想法的种种报复，以及地球生态环境的恶化，使得人们开始反省并转变理念，认识到人与地球要和谐共生。

2004 年印度洋海啸、2008 年中国汶川大地震、2011 年日本大海啸，自然灾害造成的死亡和毁灭的图像，常常浮现在社会公众的眼前。自然灾害虽然难以避免，但是科学技术的进步为处理减灾问题提供了机遇，一个更安全的世界等待着我们去共同创建。

英语国家广泛使用的麦克劳－希尔（McGraw-Hill）版中学《科学》教材共四册，包括《地球的构成》《变化的地球》《地球与宇宙》《人类的生存环境》，与本书的主题"认识地球，敬畏自然，和谐共生，科学减灾"有些不谋而合，这种相似性可能表示了地球系统科学科普读物的写作方向。

书中的图片和插图，除少数是我们自己制作的以外，大部分取自其他来源，如美国国家航空航天局（NASA）、美国地质调查局（USGS）和 Pixabay、Pexels、Unsplash 等图片网站，在书中我们均作了说明。但还有一部分图片，由于各种原因，我们无法找到原作者，或难以与原作者取得联系，我们在书中尽量给出了间接的出处，在这里，我们向这些作者致歉，并希望得到他们的谅解和支持。

作 者
2023 年 3 月 8 日

目　录
Contents

第三章

地　震

第四章

火　山

第五章

海　啸

活力地球

活力地球

第八章

滑坡和泥石流

活
力
地
球

第九章

近地空间

活
力
地
球

第十章

人与自然

第一章

地 球

——我们的家园

在太阳系的天体中，地球的条件是得天独厚的。地球离太阳不太近，温度不会太高；离太阳也不那么远，温度也不会太低，具有最适于地球生物生存的地表温度（图 1.1）。

地球浩瀚的海洋，长期以液体形态保存下来，既不沸腾成大气，也不冷凝成冰块。

地球是太阳系中唯一具有板块构造的行星，正是板块构造把构成生命基础的营养物质等送进行星地球内部，然后循环返回地表。

地球是唯一拥有包含 20% 氧气的大气层的行星，氧气主要是由单细胞生物在漫长的演化过程中产生的，它反过来又刺激了多细胞生物的演化。

图 1.1　太阳系行星分布图（来源：NASA）

在太阳系中的行星，距离太阳从近到远分别为：水星（Mercury）、金星（Venus）、地球（Earth）、火星（Mars）、木星（Jupiter）、土星（Saturn）、天王星（Uranus）、海王星（Neptune）。只有地球，处在得天独厚的距离范围内：离太阳不远不近，温度不高也不低，是一颗适合人类居住的星球地球是令人类惬意的家园。

要了解地球的全貌，最好离开地球看地球。从外太空看地球（图1.2），地球全貌一览无余：白色的是厚厚的大气（大气圈），蓝色的是海洋（水圈的代表），褐色的是大陆岩石（岩石圈的代表），绿色的是被植被覆盖的陆地（生物圈的代表）。地球是太阳系中一颗非常独特的星球。

人类居住的地球是由大气圈、水圈、岩石圈和生物圈组成的，这些圈层每时每刻都在运动和变化，我们将从这些充满动力的圈层开始，了解它们与人类生存的关系。

图1.2　从外太空看到的地球（来源：NASA）

1.1　地球的四个圈层

1.1.1
大气圈——大气运动

　　地球大气圈是一个由气体组成、围绕地球的圈层，由于受到地球的引力作用，紧紧地包围着地球（图 1.3）。距地球表面近的地方，地球引力大，空气分子密集，产生的气压就大。反之，距地球表面远的地方，地球引力小，空气分子稀疏，产生的气压就低。因此在地球上不同高度的气压不同，位置越高，气压越低。

图 1.3　从国际空间站看地球大气（来源：NASA）

2011 年 7 月 31 日，国际空间站宇航员拍摄到了这张照片，照片展示了地球大气层的对流层（橙红色）、平流层及更高层。因为大气对蓝光的散射最强，可以看到地面以上的大气层是蓝色的，但当太阳处于较低的位置，太阳光走过的大气路径更长，此时红色和橙色光能够更好地透过大气层

气压无时无刻不在变化。通常，每天早晨气压上升，到下午气压下降；每年冬季气压最高，夏季气压最低。但有时候，如受一次寒潮影响，气压会很快升高，但寒潮一过，气压又慢慢降低。

1927 年第七次国际计量大会上，给标准大气压做了定义。在重力加速度为 9.80665 m/s^2，水银温度为 $0℃$，水银密度 13.5951 g/cm^3 这种条件下，760 mm 高的汞柱产生的压力，称为标准大气压。但这种标准大气压，依赖于汞密度的测量精度，不能给出最终值。因而，1954 年第十次国际计量大会，又重新定义了标准大气压，明确其值为 1 atm = 1013.25 hPa（国际单位制中，压强的单位是帕斯卡，简写 Pa，即 N/m^2，天气预报中经常用百帕（hPa）为单位，1 hPa=100 Pa，如 800 hPa 约为 0.8 个标准大气压，属于低气压）。

气压与高度有密切关系，即气压随高度增加而递减。在近海平面附近，每上升约 100 m，气压降 10 hPa；飞机上的高度表，就以空盒气压计的气压高度换算出高度，作为高度表的标尺（表 1.1）。地球的大气在地面最稠密，越往外越稀薄，约 99% 大气圈的质量集中在离海平面 100 km 的大气圈之中。大气圈没有明显的外边界，但从宇宙空间返回的飞行器进入离地球表面 100 km 时，能明显地感觉到地球大气圈的影响，于是离地面 100 km 的地方被看成是地球大气与外界空间的边界，称为卡门（Karman）线。但是，在更高处发生的极光等现象表明，在那些地方，大气效应依然存在。

地面压力大，大气上升时，体积膨胀，吸收热量，温度下降，对流层顶以下的温度随高度每千米下降 6.5℃。人们爬山时，常感到空气稀薄，喘不上气来，就是因为大气的压力和温度都随高度发生了变化。

地球大气由多种气体组成，我们把这种由多种气体组成的混合体叫作空气（表 1.2）。地球大气圈保护地球上的生物免受过多太阳辐射的紫外线的伤害，它调节地球白天

表1.1 不同海拔高度的温度和气压

海拔（例）/ m	温度 / ℃	气压 / hPa（atm）
0（海平面）	15.0	1013（1.00）
800（太原）	9.8	921（0.91）
1050（呼和浩特）	8.2	893（0.88）
1520（兰州）	5.1	843（0.83）
2261（西宁）	0.3	770（0.76）
3061（五台山）	−4.9	696（0.69）
3650（拉萨）	−8.7	645（0.64）
8848.86（珠穆朗玛峰）	−20 ～ −40	315（0.31）

 从地面温度15℃的山下登顶泰山（1532.7 m），山顶的温度和气压是多少?

和晚间的温度，使地球成为适合人类居住的星球。

　　根据各种高度大气的不同特点（如温度、成分及电离程度等），从地面开始大气圈依次细分为对流层、平流层、中间层等（图1.4）。接近地球表面的一层大气，空气的移动是以上升气流和下降气流为主的对流运动，称为"对流层"。它的厚度不一，在地球两极上空为8 km，在赤道上空为17 km，全球平均10 km左右，是大气中最稠密的一层。大气中的水汽几乎都集中于此，是展示风云变幻的"大舞台"：刮风、下雨、降雪、冰雹等天气现象都发生在对流层内。对流层是与人类生活和灾害发生关系最密切的层位。

表1.2 地球大气圈的组分

气体组分	质量分数
氮气	78.084%
氧气	20.946%
水蒸气	1%
氩气	0.934%
二氧化碳	0.038%

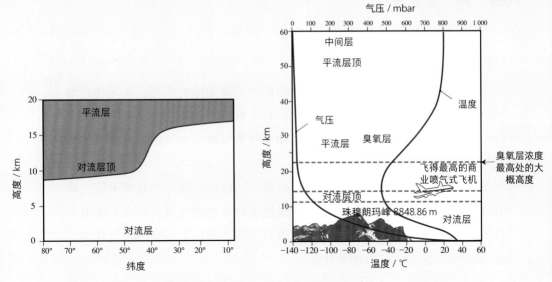

图 1.4　地球表面上方大气层的平均剖面

随着纬度的增加，地面附近压力急剧下降，而温度降低。对流层厚度随纬度有变化，赤道厚，两极薄。对流层大气以升降为主，是刮风、下雨、降雪等风雨变幻的大舞台；平流层中温度较稳定，无天气变化，大气水平运动，飞机多数在平流层底部飞行

　　对流层上方直到高于海平面 50 km 的地方，气流主要表现为水平方向运动，对流现象减弱，风向常年不变，这一大气层称为"平流层"。这里基本上没有水汽，晴朗无云，很少发生天气变化，适于飞机航行。在平流层中的 20 ～ 30 km 处，氧分子在紫外线作用下，形成臭氧层，像一道屏障保护着地球上的生物免受太阳高能粒子的袭击。

　　平流层以上到离地球表面 60 ～ 80 km 附近的大气，称为"中间层"，主要是稀薄的中性大气。

　　地球的大气圈原本是中性的，是不带电的。太阳风（来自太阳的高速带电粒子流）喷射到地球，改变了地球大气圈顶部的电磁结构。在太阳辐射、太阳风的共同作用下，高层大气分子发生电离，不带电的粒子变成了带电的粒子。地球 60 km 以上的整个地球大气层都处于部分电离或完全电离的状态，部分电离的大气区域称为电离层，完全电离的大气区域称为磁层，

民航飞机巡航飞行高度多在平流层底部，为什么中国－北美之间喜欢选择北极航线？

相关内容将在本书第 9 章中介绍。

　　地球周围的大气，在太阳光和热的作用下像无形的野马，永无休止地奔腾着。它运动的形式多种多样，范围有大有小。正是这种永不停息的大气运动，形成了地球上不同地区的不同天气和气候。大气的运动形式主要包括：环流、气旋和对流。

　　赤道空气受热膨胀上升，称为赤道低压；极地空气冷却收缩下沉，称为极地高压。低层大气因此产生了自极地流向赤道的气流，补充了赤道上空流出的空气质量，这样就形成了赤道与极地之间一个闭合的大气环流，这样的经圈环流称为"哈德莱环流"。

　　由于下垫面条件不同，除大气环流外，大气运动还可能形成台风和龙卷风（大气气旋）、季风和海陆风（大气对流）以及热浪（副热带高压带大气环流）等，相关内容将在本书第 6 章中介绍。

 如果没有大气层，地球会怎样？

1.1.2
水圈——水循环

　　水圈是地球上（包括地下、地表和大气层）固态水、液态水及气态水的总称。从太空来看，地球是一颗海洋的行星，海洋面积约占了地球表面积的 70%，海洋平均深度为 3800 m。太阳系八大行星之中，只有地球是被液态水覆盖的星球。水是地球上最常见的物质，是生物体最重要的组成部分，是人类生命的源泉（图 1.5）。

 地球上是山高，还是水深？

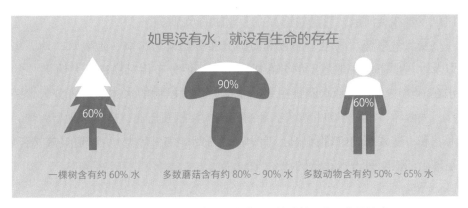

图 1.5　所有生物都离不开水，没有水圈，地球就不是"宜居地球"

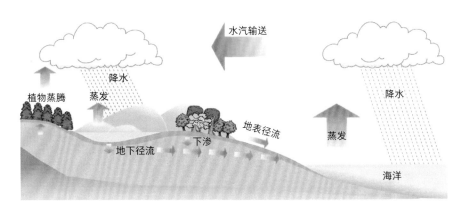

图 1.6　地球上的水循环

地球表面的水十分活跃。海洋蒸发的水汽进入大气圈，部分经气流输送到大陆，凝结后降落到地面，部分被生物吸收，部分下渗为地下水，部分成为地表径流。地表径流和地下径流大部分又回归海洋（图1.6）。水在循环过程中不断释放或吸收热能，调节着地球上各圈层的能量，还不断地塑造着地表的形态。

大诗人李白写诗"黄河之水天上来，奔流到海不复回"。黄河之水的确是来自天上，只不过"奔流到海不复回"却不完全对。因为黄河的水流入海洋后，一部分会被太阳能蒸发，形成水蒸气，而水蒸气则会在空气中升高，逐渐冷却并凝结成云。这些云会随着风向移动并在不同地方释放降水，形成新的降水循环，重复上述过程。这就是水循环，而这个过程并不仅仅发生在黄河水，而是普遍存在于地球的水循环中。

受大气环流、纬度、高程和海陆分布等因素的影响，地表水、地下水以及冰雪固态水在地球上的分布极不平衡，但分布相对稳定，大约97%的水在海洋中，海洋是水圈最主要的水体，这个巨大的水体通常可分为太平洋、大西洋、印度洋和北冰洋，所有这些大洋相互连通，是一个巨型大洋。海水和一些咸水湖中含有盐分（平均每升海水含35克盐），味道又咸又苦。地球上的淡水只占水总量的3%（图1.7）。

> 为什么海水是咸的，海冰却是淡的？

图 1.7 地球上水的分布

世界上最大的水资源是海洋上的咸水，约占97%，而淡水只有3%，淡水资源近77%在冰川、冰山里面，地下水和土壤水占22%，江、河、湖泊水等占1%。实际上，在水圈里面比较活跃的只是3%淡水里面的1%～3%。从地球上水的总体来看，河流中的水占地球水总量的千分之一都不到，水分布的微小变动就可以产生巨大的自然灾害。地球是一个系统，牵一发而动全身。一旦这少量的淡水（只占地球水圈水量的万分之几）循环发生异常变化，便会给人类生活带来大麻烦

普通的淡水在零度时会结冰，而海水含有许多盐，所以到了零度也不会结冰，只有温度更低时，一部分纯水才会从海水中凝结出来结成冰。因此，我们如果有机会尝尝海水结的冰，一定会发现它是淡的。此外，因为冰的

密度比水小，比盐水更小，所以海水里的冰总有十分之一浮在水面，这也就是大家所见的海上冰山（图 1.8 和图 1.9）。

 地球上有多少冰？

图 1.8　海洋中的冰山

图 1.9　巴塔哥尼亚冰原
（来源：Pixabay）

冰川（glacier）是一巨大的流动固体，位于高寒山区终年冰封的地区，由雪再结晶聚积而成。冰川体积巨大，若将海洋冰川与大陆冰川的体积换成水量，将占地球上所有淡水量的 77%。图为南美大陆南端的巴塔哥尼亚冰原，是极地地区之外的世界第二大连续冰原

　　水在空气中含量虽少，却是空气的重要组分。水多，会引发洪水灾害；水少，会引发干旱灾害。水圈异常变化引起的自然灾害还有海啸、雪崩等。因此，1997 年国际减灾日主题是：水，太多、太少——都会造成自然灾害（图 1.10）。

图 1.10　水太多、太少都会造成自然灾害

（上）水多：2005 年 8 月，飓风"卡特里娜"登陆时造成了密西西比河河水泛滥，新奥尔良市成为一片泽国（来源：Smiley N. Pool/The Dallas Morning News）；（下）水少：气候变化和干旱环境下肯尼亚垂死的牛羊（来源：Brendan Cox/Oxfam）

1.1.3
岩石圈——岩石循环

由于地球内部高温高压，地球内部物质大多处于完全熔融状态（岩浆）或部分熔融状态（软流层）。唯独地球表面的一层，冷却后形成了包围地球的岩石圈（图 1.11，图 1.12）。除地表面形态外，人们是无法直接观测到地球内部的。科学家利用地震波探测，发现在大约 100 km 深度以下有地震波的低速层，推测该层物质的塑性程度较高，处在部分熔融状态，在长期动力作用下可以发生缓慢流动，故称之为软流圈（Asthenosphere）。软流圈的上面，是坚硬的岩石圈层（lithosphere）（图 1.13）。

岩石圈中的岩石按成因可分为火成岩、沉积岩和变质岩。其中，火成岩是由高温熔融的岩浆在地表或近地表冷凝所形成的岩石，也称岩浆岩。沉积岩是在地表条件下由风化作用、生物作用和火山作用的产物，经水、

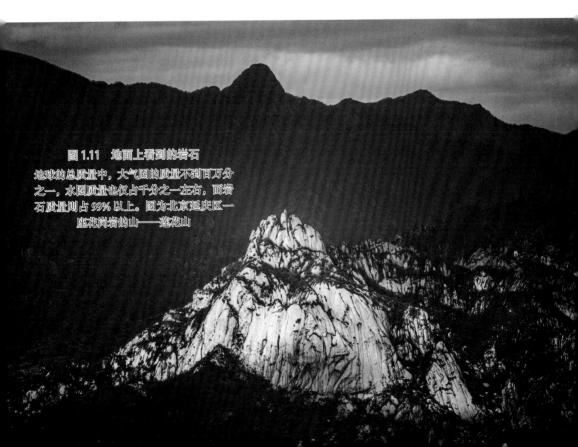

图 1.11　地面上看到的岩石
地球的总质量中，大气圈的质量不到百万分之一，水圈质量也仅占千分之一左右，而岩石质量则占 99% 以上。图为北京延庆区一座花岗岩的山——莲花山

甘肃张掖丹霞地貌，沉积岩（红色砂砾岩）

恒山，2016.1 m，沉积岩（石灰岩）

泰山，1532.7 m，变质岩（花岗变质岩）

峨眉山，3079.3 m，火成岩（玄武岩）

珠穆朗玛峰，8848.86 m，沉积岩（石灰岩）

黄山，1864.8 m，火成岩（花岗岩）

图 1.12　岩石的山，它们是岩石圈顶部出露的部分

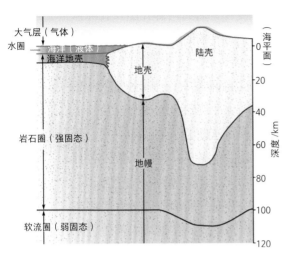

图 1.13 刚性岩石圈"漂浮"在软塑性的软流圈之上（来源：Abbott, 2021）

热的岩石比冷的岩石容易变形,地震波速度也较低。人们发现，在大约 100 km 深度的位置上有一个地震波的低速层，推测该层物质处于部分熔融状态，在长期地质动力的作用下可以缓慢地流动，并称之为软流圈（Asthenosphere, weak solid）。软流圈的上面，称为岩石圈（lithosphere, strong rock），是组成地球最外边不易变形的圈层。地震波探测发现，岩石圈内存在一个地震波速度间断面，为纪念它的发现者——南斯拉夫地震学家莫霍洛维奇（Andrija Mohorovicic），称为莫霍面。莫霍面下方速度明显高，上方速度低，那就是地壳

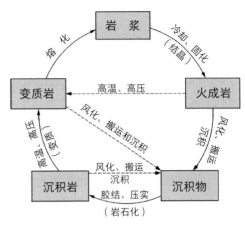

图 1.14 岩石的形成过程

生物学家林奈（Carl von Linné, 1707—1778）说："坚硬的岩石不是原始的，而是时间的女儿"（林奈《自然系统》），他是指在地球表面，随着时间的流逝，岩石会从一种形态变换到另一种形态。火成岩是由岩浆或火山灰冷却固化而成的岩石，如花岗岩、玄武岩等。沉积岩是由岩屑或生物残骸在沉积后形成的岩石，如砂岩、泥岩、煤等。变质岩是由旧的岩石在高温高压下改变而形成的岩石，如片岩、云母片岩、石英岩等。这三种岩石类型可以相互转换。例如，火山喷发会使得火山岩变成碎屑，这些碎屑沉积后就形成了沉积岩。沉积岩和火山岩经过高温和高压作用，就可以变成变质岩。而变质岩也可以经过熔融形成火成岩。这个循环过程（rock cycle）在地球上持续不断，形成了我们今天所看到的各种各样的岩石

空气和冰川等外力的搬运、沉积和成岩固结而形成的岩石。变质岩是由先成的岩石（岩浆岩、沉积岩或变质岩），由于其所处地质环境的改变，经变质作用而形成的岩石，它是原有的岩石经变质作用而形成的新岩石（图1.14）。地表的岩石中有 75% 是沉积岩，距地表越深，则火成岩和变质岩越多。岩石圈深部主要由火成岩和变质岩构成，沉积岩占不到 8%。

岩石一般是由固体的矿物和矿物颗粒之间的孔隙组成的，孔隙中通常有孔隙流体存在，岩石正是由固体矿物和流动的孔隙流体组成的多相体。孔隙流体的存在，对岩石性质有着极其重要的影响。例如，岩石中孔隙体

积增加 1%，会导致岩石的许多性质发生很大变化。岩石内部孔隙及孔隙流体的存在，是石油得以生成、矿物得以富集、地下水的形成和流动、环境污染和保护等问题的重要影响因素。

岩石圈是包围地球的完整的一个圈层，但这个圈层有许多"裂缝"（板块边界带）和"破洞"（地幔柱），地下岩浆通过裂缝和破洞可以钻到地面形成岩石，岩石通过裂缝还可以回到地下。和地球上水的循环一样，这是地球上的岩浆—岩石—岩浆的循环，只不过这种循环尺度非常大，过程进行得非常慢。以太平洋板块为例，从出生到消亡，需要 180 个百万年。

地球表面的每一寸土地——高山、峡谷、平原、湖泊，包括海底都有岩石的踪迹。岩石圈的任何变化，对人类都极为重要。在地球内部压力作用下，岩浆沿着岩石圈的薄弱地带侵入岩石圈上部或喷出地表，造成火山灾害；在软流圈之上的岩石圈不同部分的运动差异，积累的弹性能量急剧释放，造成地震灾害。岩石圈异常变化引起的自然灾害主要有地震、火山、滑坡、泥石流、地面塌陷等。我们脚下坚固宽厚的大地，其实是在滚滚岩浆上缓慢移动的薄壳，地心的任何剧烈活动，都能带来山崩地裂的灾难。

1.1.4
生物圈——碳循环

影响地球碳循环的因素很多。碳循环的长期变化主要受地质等因素影响，而碳循环的短期变化主要发生在生物圈中。

生物圈是地球特有的圈层。生物圈的概念，最早是由奥地利地质学家爱德华·休斯（Eduard Suess）在 1875 年提出的，将其定义为"地球表面生命居住的地方"。生物圈是地球上最大的生态系统，其范围也是自然灾害的主要发生地（图 1.15）。

地球上有生物（人、动物、植物和微生物等）存在的圈层就是地球的生物圈，生物圈在地球的碳循环中起着重要的作用。绿色植物（生产者）通过光合作用把太阳能转化为生物能（有机物，如糖类等），有机物被动物（消费者）一级一级利用，碳元素也随之一级级传递，最后，生物体死亡，分解者分解有机物，碳变成二氧化碳（CO_2）重返无机环境，接着被生产者

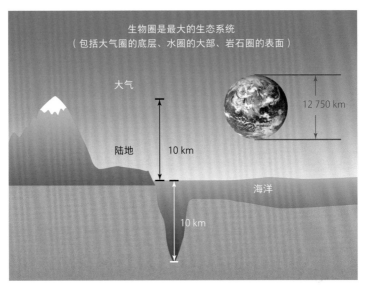

图 1.15　生物圈的范围

大气圈：鸟类能高飞数千米，花粉、昆虫以及一些小动物可被气流带至高空。
水圈：生物主要集中于表层和浅水的底层，世界大洋深处也能发现深海生物。
岩石圈：生物分布的最深记录是生存在地下 3 ～ 5 km 处石油中的石油细菌。
生物圈在海平面以上达到大致 10 km 高度，在海平面以下亦延伸至 10 km 的
深度

利用。需要注意的是，碳元素可循环，但能量不循环，循环过程的能量来自太阳能。

　　人类居住的地球是一个由大气圈、水圈、岩石圈和生物圈（含人类圈）构成的地球系统（图 1.16）。各圈层之间相互联系、相互作用、构成了充满蓬勃生机的地球及人类生存环境。

　　从整体来看，所有的星体都处在不断的运动之中，但离近一看，许多星体都是一块冰冷的石头在宇宙空间运动，而这个石头内部却没有任何变化。地球则不然，地球是一个动力（dynamic）星球，它不是冰冷的石头，它充满生机，各个圈层在宇宙空间运动的同时，各圈层也发生着相对运动和相对变化，甚至是剧烈的运动和变化。从星球演化的角度，地球度过了少年时期，正处在青壮年时期。地球，充满了活力。

图 1.16　全世界人口密度的地理分布（来源：NASA）

除了人口的快速增长，世界人口城市化的发展，也给变化的地球提出了许多新的问题

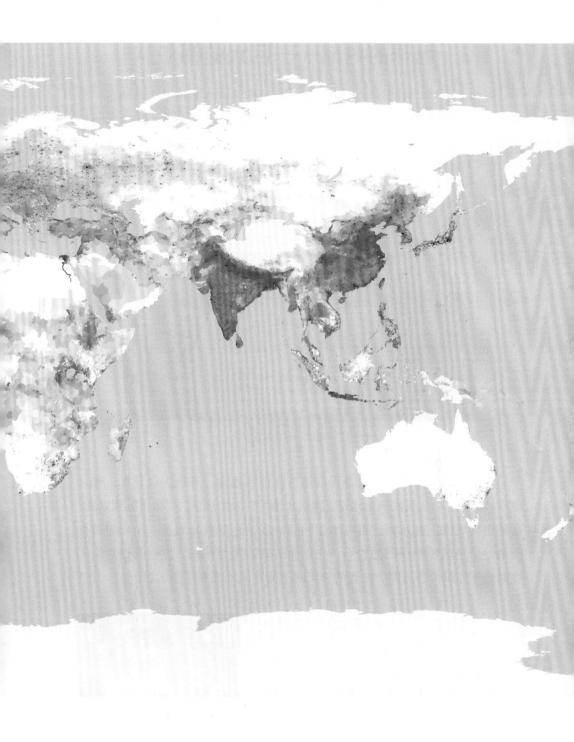

🌐 1.2 地球的内部——巨大的锅炉

地球内部像一部巨大的锅炉，许多放射性元素不断产生大量热量，使得地球中心的温度高达4300℃，在地下2900 km附近，温度也有3900℃（图1.17）。

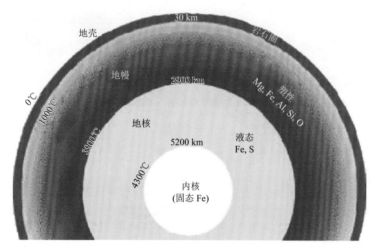

图 1.17 地球内部的温度分布

地球内部大量的热量主要通过热对流传至地面，和锅炉烧开水一样，冷水被加热，会从锅底向上运动，到达水面后，散发热量，变冷再沉到锅底。这种由锅底向上到水面，再由水面回到锅底的运动就是对流。地球的岩石圈最外层是较冷的固态的岩石，它下面的软流圈是热的，发生着热对流，冷的地球外层（岩石圈）在热的软流圈上面不断地漂移（图1.18）。

图 1.18 地球内部的热对流

天空中多数星体都像一个刚体（一块石头）在宇宙空间运动，而刚体内部却没有任何变化。地球则不然，地球在宇宙空间运动的同时，它的各个圈层发生着相对运动和相对变化，甚至是剧烈的运动和变化，地球内部和烧开水十分相似，在太平洋中部、高温的物质上升，向外扩散，环太平洋区域则是低温下沉区，图片清楚地显示了地球内部的热对流

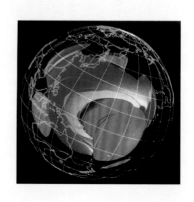

　　地磁场是地球最重要的物理场之一，早在公元前 3 世纪，中国人就用司南在地面上指示南北（图 1.19）。在地球内部的高温状态下，所有的永久磁铁都会失去磁性，因此，地球磁场不可能是由其内部的永久磁铁产生的。我们知道，电荷的运动会产生磁场，因此地球的磁场应该与地球内部的导电物质运动有关。

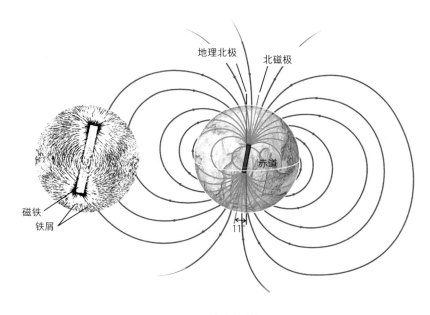

地理北极　北磁极

赤道

磁铁
铁屑

11°

图 1.19　地球的磁极

地球内部导电物质的运动产生了地球自己的磁场，磁力线从南极出去，在北极进入地球，多数地方的磁力线是与地面几乎平行的。需要注意的是，地磁北极并不是地球旋转轴所指的地理北极

　　在地球内部大锅炉的作用下，地震波探测发现，地球的内核是固态的。固态的内核和液态的外核旋转速度不同，高温带电物质的差速旋转，使地球产生了自己的磁场。地球内部导电物质运动的大小、方向都可以在地球表面的磁场测量中反映出来，可以说，地球磁场是地球内部运动的脉搏。

　　在太阳系，有些星球和地球一样，会有自己的全球偶极性磁场，它们分别是水星、木星、土星、天王星、海王星。甚至木星的卫星——木卫三（盖尼米德）也拥有全球性偶极性磁场。木星的磁偶极矩强度约是地球的两万倍，表面的磁场强度约是地球磁场的 20 ～ 40 倍。而天王星和海王星的磁场是"旅行者 1 号"在飞往太阳系边界途中探测到的，它们的磁场强度也大于地球的磁场强度。

是否具有自己的磁场，是判断一个星体是活的还是死的重要标志。在地球内部的高温状态下，由铁组成的固态内核，在由铁、硫的元素组成的液态外核中旋转，形成了一台巨大的"发电机"，产生了地球的磁场。由此可见，星球的磁场是由其内部的相对运动产生的。一个内部没有任何相对运动的星球，不管其组成如何，是不会有自己的磁场的。从宇宙演化的角度，一般来讲，星球有没有自己的磁场，标志着星球的演化程度。

太阳系内，有些星球当前则没有（或几乎没有）自己的磁场，如金星、月球、火星等。金星当前没有发现存在内禀磁场，它的磁场主要是由金星电离大气与外部太阳风相互作用所产生。而月球表面磁场强度不及地球磁场强度的 1/1000，几乎没有自己的磁场，但表面还广泛分布有较弱的岩石剩磁（强度约几十纳特），这些剩磁记录表明月球在几十亿年前可能存在过全球磁场。至于火星，它与月球类似，虽然当前几乎已经没有全球磁场，但它残余的岩石剩磁（可达上千个纳特）表明火星曾经拥有一个较强的全球磁场，据科学家推测，火星磁场在几十亿年前因为内部的核心冷却和停止旋转而逐渐消失。火星由于缺乏足够强大磁场的保护，所以它的大气层会不断受到外部太阳风的侵蚀，表面环境也非常恶劣，不适宜生命生存。

磁场是星球的脉搏。从演化角度来说，脉搏停止，星球就接近死亡了。有磁场的星球，一定是活动的；没有磁场的星球，可能因为星球内部运动的物质是不导电的，也可能因为它不活动（如月球就是一个内部不活动的死星球）。所以我们说，宇宙中只有一部分星球是活的，许多星球是死的。我们的地球是一个充满活力的年轻星球。

1.3 地球的表面——漂浮的板块

地球最外层是一层坚硬的岩石外壳，叫作岩石圈。它是一个包围地球的完整圈层，但破碎成许多块，每块就叫作板块。板块在软流圈上不断出生、消亡和漂移。岩石圈尽管完整，但如上所述，有许多裂缝（板块边界）和破洞（地幔柱），下面的岩浆可以从这些裂缝和破洞跑上来，岩石也可以再回到地球内部，变成岩浆。和锅炉烧开水一样，岩石圈也有岩石的循环，只不过完成循环的时间很长。

1.3.1
板块的出生

海洋中部有一条缝（长几千米，宽近百米），将海洋分成大小不同的两半，它们叫作大洋中脊。大洋中脊是板块的出生地，由于对流，地下岩浆从大洋中脊出露地面，冷却后形成岩石，成为新生的板块。随着岩浆不断出露，板块缓慢地向两边扩张（图1.20）。岩浆从大洋中脊流出，它的地形自然比周围高一些，大洋中脊在海底还形成了一条条长长的海底山脉（图1.21）。在板块理论中，大洋中脊是板块的离散边界（又称生长边界，divergent boundary）。

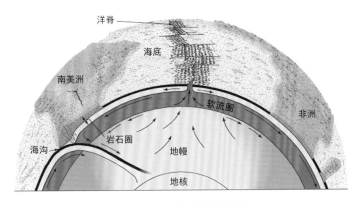

图 1.20 板块扩张示意图

地下的岩浆对流，在大洋中脊上涌，出露地面，冷却后形成了岩石，成为了新生的板块。随着岩浆的不断出露，板块缓慢地向两边扩张

图 1.21 位于大西洋中脊带上的冰岛（来源：改自 USGS）

洋中脊是板块生长边界，由于岩浆喷出，洋中脊越来越高，露出水面就形成了冰岛（面积 10.3 万 km），冰岛有"火山岛"之称，地热资源极为丰富

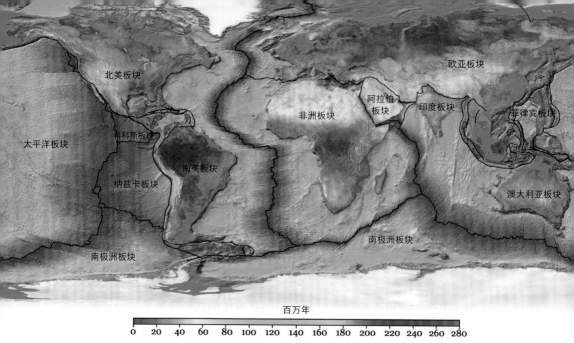

图 1.22　海洋岩石圈的年龄（来源：Elliot Lim, CIRES and NOAA/NCEI）

黑线是大洋中脊，即离散板块边界。新生的板块出生在洋中脊，向两边生长。洋中脊附近的板块年轻（不超过 20 Ma），离大洋中脊越远，岩石的年龄越大，在海洋板块消亡的俯冲带，岩石年龄变老，达到 180 Ma。洋中脊是地球上最长的（火）山脉（8 万 km），由于被海水淹没，直到 20 世纪 50 年代才被发现，最先是在大西洋中发现的，后来发现每个大洋均有其洋中脊，该发现推动了 60 年代大洋扩张假说的提出

1.3.2
板块的消亡

当不断向外扩张的岩石遇到了另一个大洋中脊扩张的岩石，一个封闭的岩石圈就形成了（图 1.22）。板块发生俯冲和碰撞时，一块板块俯冲到另一块板块的下面，进入地球内部。俯冲的地带，是老的板块消亡的地方，叫作汇聚边界（又称消亡边界，convergent boundary），汇聚边界往往形成海洋的海沟和陆地的火山岛弧（图 1.23，图 1.24）。

图 1.23　太平洋的汇聚板块边界

黄线代表全球板块汇聚边界带，长达 55 000 km

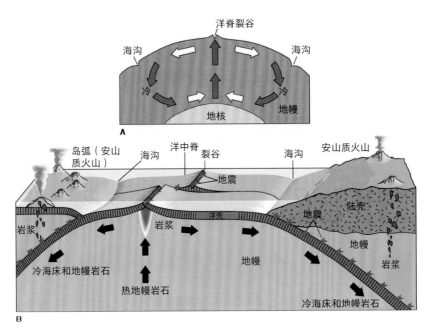

图 1.24　板块运动机理（来源：Plummer et al., 1999）

典型的太平洋板块，在地幔对流的牵引下，新生的板块从大洋中脊（离散板块边界）长出来，向垂直大洋中脊方向生长，在遇到另一个板块（欧亚板块或北美板块）发生碰撞时，老的板块又沿汇聚边界俯冲进入地球内部。离散边界和汇聚边界是发生地震和火山最多的地方

1.3.3
板块的漂移

　　地球表面的板块不断地相互运动，不同板块的运动方向和运动速度也不同，板块运动的速度和人手指甲生长的速度差不多，但时间长了，运动的距离也十分可观。地球历史上可以找到许多板块漂移的证据（图 1.25）。

　　今天，地球岩石圈可分为七个大板块：非洲板块、欧亚板块、印度－澳大利亚板块、太平洋板块、南极洲板块、北美板块和南美板块。各大板块可在软流层上发生漂移，科学家们还原出了历史上板块漂移的图像（图 1.26）。

　　一些巨大的岩石圈板块，它们漂浮在软流圈（也叫软流层）上发生运动，这就是板块理论。多数地质事件都发生在两个板块之间的边界上。

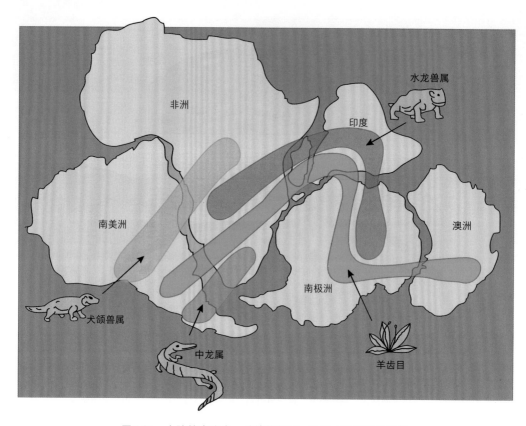

图 1.25 大陆轮廓吻合、动植物化石一致是大陆漂移的证据

1910 年，德国气象学家魏格纳（Alfred Lothar Wegener）发现地图上大西洋两岸的轮廓非常吻合，巴西东段凸出的部分，与非洲几内亚湾凹进去的部分非常吻合。魏格纳认为大陆之间原先是合在一起的，后来才分开。地质学家在大西洋两侧的南美洲与南非发现了中龙化石，也可证明南美洲与非洲过去是相连的。经过更多的研究，"大陆漂移说"在科学界得到了广泛的认同

两个板块沿着边界发生相对运动，按照运动方式，可以把板块边界分成三类。第一种是离散边界，是两个板块相互分离、新板块生长出来的边界（如东非大裂谷、贝加尔湖）。第二种是汇聚边界，是两个板块之间相互汇聚，老板块消亡的边界（如喜马拉雅山）。第三种是转换型边界，在此边界，两侧板块做平行于边界的走滑运动，岩石圈既不生出，也不消亡（如美国的圣安德列斯断层）。

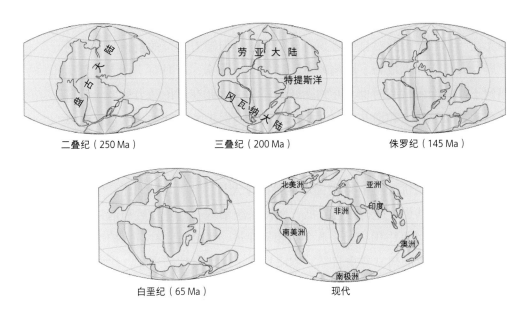

图 1.26 地球历史时期的板块位置分布

利用古生物、古地磁、古地理等多学科资料，科学家还原出 2.5 亿年以来，各板块在地球各历史时期上的位置

1.4 活力地球与我们

21 世纪以来，社会越来越关心"宜居地球"问题（朱日祥等，2020）。"宜居地球"指的是一个适合人类居住和生存的地球环境，包括适宜的气候、水源、空气质量、生态平衡等因素。

人类认识到，地球每天都在活动，大气圈中的大气运动、水圈中的水循环、岩石圈的岩石轮回、生物圈的碳循环都成为科学界研究的前沿问题，对活力地球认识的不断深化，研究成果的广泛应用，越来越引起政府和社会的关注。

引起地球变化和地球活动的原因，既有自然界本身的原因，也有人类活动造成的原因。地震、火山喷发、台风等释放的能量之巨大，是人类活动无法相比的，因此对自然必须有敬畏之心。但随着人口的增长和科技的发展，人类活动也成为了影响地球活动的一个因素，有时对"宜居地球"起到了好的作用，有时也会起到不好的作用。因此在讨论活力地球时，应强调人类与自然"和谐共生"，强调人类应该保护和维护地球的环境，减少人类活动对环境与生态造成的破坏和污染，保持生态平衡，让地球成为更适宜居住的家园。

进入 21 世纪后，中国政府强调，要构建人与自然生命共同体，要坚持人与自然和谐共生，坚持绿色发展，坚持系统治理。人与自然和谐共生是2021 年世界环境日中国主题，这个主题旨在进一步唤醒全社会保护生物多样性的意识，牢固树立尊重自然、顺应自然、保护自然的理念，建设人与自然和谐共生的宜居家园。

活力地球上不断发生的这些变化，对人类的影响有负面的也有正面的，有长期的，也有短期的。如地震、火山、行星撞击、太阳风暴、全球变暖等属于灾难，人类的工业废气排放污染大气环境，导致酸雨和温室效应，伐木、破坏植被，破坏生物栖息环境，滥用化肥农药，污染土地资源和水资源等，这些活动是负面影响。但也应该看到正面的影响，如火山造地、洪水沃田、风力发电等。许多国家的灾害预警和预防系统的建设、针对温室气体排放和全球气候变化的一系列措施，这些活动则属于正面影响。我们应该加强科学成果的应用，减少负面影响，扩大正面影响。

第二章

活力地球的能量来源

地球活动的能量来源（这里简称为地球的能源）主要有太阳能和地热能。地球上不同的地点、不同的时间，接收能量也不同，能量在地球上不断地转移，形成的能量流是造成地球不断活动的根本原因。

能量的基本数据

焦耳（J）：能量的国际单位，1 J 能量等于 1 N 的力的作用点在力的方向上移动 1 m 距离所做的功。

卡路里（cal）：热能量的单位，1 cal 等于 1g 水升高 1℃所需的能量。

瓦特（W）：功率单位，1 W = 1 J/s。

1 度电（千瓦小时，kW·h）：涉及电学的能量单位。

1 cal = 4.186 J，1 J = 0.239 cal，1 度电 = 3.6×10^6 J。

2.1　太阳能——万物生长靠太阳

太阳能（solar energy），是太阳以可见光、红外线、紫外线等辐射形态到达地球的能量（图 2.1）。太阳不断地向宇宙空间辐射能量，其中约二十二亿分之一到达地球，地球获得的能量功率可达 173 000 TW（1.73×10^{17} W，1 TW=10^{12} W）（中国大百科全书总编辑委员会，2002）。

每秒照射到地球的能量相当于几百万吨煤燃烧的热量。地球人类每年消耗的全部能量，不到太阳"给予"地球能量的万分之一。

但太阳照射到地球的能量没有完全用到加热地球上，其中有相当大的部分被大气层反射，尤其重要的是被加温后的地球也向外辐射能量（黑体辐射）。宇宙中任何物体都会向外辐射能量，温度越高的物体辐射越多。地球吸收太阳能后温度升高，辐射也增加，就好像 100℃的沸水降温到 90℃，比相同质量的 50℃的水降温到 40℃要快得多。地球接受太阳的能量与地球辐射出去的能量是大体平衡的（图 2.2）。地球从生命形成到现在，

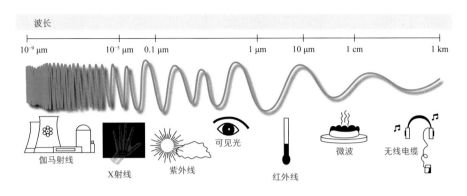

图 2.1 光谱分布图

地球外部的能量主要来自太阳不断向地球辐射光波，光波的波长谱很宽，无线电（几百米）、微波（几毫米）、红外线（几微米）、可见光、紫外线、X 射线和 γ 射线。太阳向地球辐射能量，其中能量的 43% 是以可见光的频段（波长 0.0004 cm 的紫光至 0.0007 cm 的红光）辐射到地球表面，49% 的能量以红外线辐射到地面，起到加热作用，大约 7% 的能量是紫外线辐射

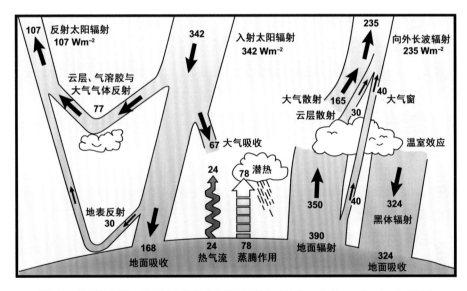

图 2.2 地球收入和支出能量平衡图（长时间平均）（来源：Kiehl and Trenberth, 1997）

太阳辐射被地球吸收的能量（342 W/m²）与地球向外反射能量（107 W/m²）及向外长波辐射能量（235 W/m²）之和是平衡的。地球的能量系统始终保持着一种平衡

经历了几十亿年，如果能量不平衡的话，地球要么变成一个冰球，要么就变成一个高温星球，生命根本无法延续。

太阳能是地球能源的主要来源。人类所需能量的绝大部分都直接或间接地来自太阳。例如，人类离不开电能，电是由发电厂发出来的，发电厂为了发电，要烧煤或石油，把煤或石油的化学能转变为电能，而煤和石油是千百万年前动植物（生物）尸体在一定条件下，经过漫长的地质年代形成的，即煤和石油的化学能量是从古代的生物能转化而来的。

生物的能量又是哪来的呢？我们知道，食肉动物吃食草动物，食草动物吃植物，这种生物群落中由摄食而形成的链状食物关系，被称为食物链。动植物的生物能本质上来源于植物。植物的叶绿体可以进行光合作用，光合作用通过太阳能，将空气中的二氧化碳和吸收的水分转化成有机物（葡萄糖），同时释放氧气。发电厂的电能来自煤和石油的化学能，化学能又来自植物长期积累的生物能，而植物的生物积累能必须依赖太阳能，可见，地球上的能量来源离不开太阳。

如果不用煤和石油，而用水电站发电（图2.3），能量又是哪来的呢？

水电站是把水的重力势能转化为电能。水从高处到达低处之后，重力势能减少，转为机械能驱动轮机发电，产生电能。那高山的水如何来的呢？还是因为太阳（图2.4）。

由于太阳的照射，地表水蒸发升到高空中。在风的带动下，在高山上形成降雨，这样水就从低处转移到高处，重力势能增加。在这个过程中，太阳的照射必不可少，因为蒸发需要吸热，这个热量来源就是太阳光。所以，水能也是太阳能转化而来的。类似地，风能（图2.5）、波浪能、海流能等也都是由太阳能转化来的。地球上大部分能量都来源于太阳，太阳能长期维持地表合适的温度，促进植物的光合作用，并将这些能量固定在地球上，为大气运动、海洋运动等活力地球事件提供动力源。所以说，万物生长靠太阳。

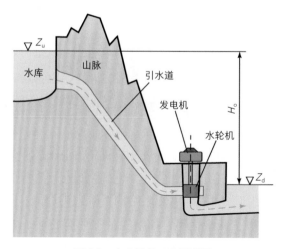

图2.3　水电站的工作原理图

水从高处（Z_u）流到低处（Z_d），重力势能转化为电能

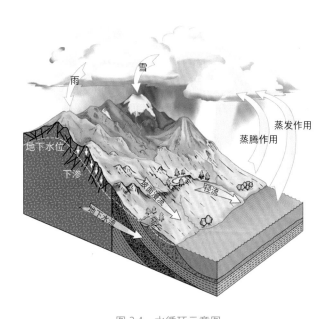

图 2.4　水循环示意图

太阳能造成地球的水循环，使低处的水又回到高处，重力势能增加。水电站发电是太阳能的一种
表现形式

图 2.5　用于风力发电的风车

风能、波浪能、海流能等也都是由太阳能转化来的

　煤和石油是如何生成的？

　　加强对太阳能的利用既能满足人类的能源需求，又能减少环境污染，合理应对气候变化。光伏技术发展很快，人造卫星已经利用太阳能电池作为能量的来源，如今太阳能电池的应用已从军事、航天领域扩展到工业、商业、农业、通信、家用电器以及公用设施等部门，尤其可以分散地在边远地区的高山、沙漠、海岛和农村使用（图2.6）。

图 2.6　塔拉滩上的光伏海（来源：青海省地震局供图）

青海塔拉滩地区凭借着得天独厚的条件，拥有了面积为 609 km² 的光伏发电站，它的面积为全球最大，整个塔拉滩生态光伏园总装机量达到了 9000 多兆瓦，年平均发电量高达 90 多亿千瓦时。发电站与附近的龙羊峡水电站实行了水光互补计划，在白天和晴天时，用光伏发电，而在夜晚和天气恶劣的情况下，利用水力发电，这样就可以提升光伏发电的稳定性

家中每天平均用电 2 度（2 千瓦小时），
欲安装太阳能电池供电，如何选择电池的面积？

2.2 地热能——地下的太阳

地球内部是个大锅炉，越往里面越热，热从内部往外面散失，我们可以用热流 q 来表示地球内部在单位时间内、单位面积上向地球外部传播的热流量（单位：W/m^2），它是地热场最重要的表征（图 2.7，图 2.8）。全球平均热流是 42 mW/m^2（国际地热流单位是 HFU，1HFU = 42 mW/m^2）。根据地球的表面积（5.11×10^8 km^2），可以得到全球热流值约为 2×10^{13} W，地球内部每小时向外释放能量 7.2×10^{16} J。

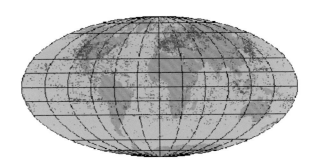

图 2.7 全球 24000 个热流测量点的分布

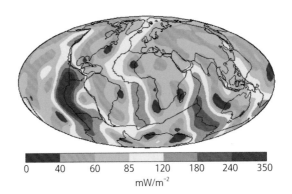

0　40　60　85　120　180　240　350
mW/m^{-2}

图 2.8 全球热流分布图（来源：Pollack et al., 1993）

　　1981 年 8 月，在肯尼亚首都内罗毕召开了联合国新能源会议，根据上述数值估计，从地下 5 km 深度向下，挖出一块边长为 5 km 的立方体岩石，将这岩石放在地面上冷却，该岩石冷却释放的能量等于全世界 1981 年全年消耗的总能量，相当于三峡水电站 74 年的发电量（图 2.9）。

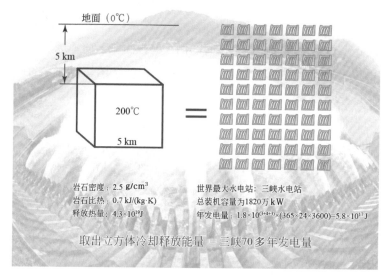

地面（0℃）

5 km

200℃

5 km

岩石密度: 2.5 g/cm³
岩石比热: 0.7 kJ/(kg·K)
释放热量: 4.3×10¹⁹ J

世界最大水电站: 三峡水电站
总装机容量为1820万 kW
年发电量: 1.8×10⁽⁴⁺³⁾×(365×24×3600)=5.8×10¹⁷ J

取出立方体冷却释放能量 = 三峡70多年发电量

图 2.9　地球内部热能与水电站发电量对比图

　　地球内部向外释放的能量相当于上千座大发电厂的发电量，目前人类对地热能的利用也才刚刚开始。冰岛是大量使用可再生清洁能源的国家，可开发的地热能为 450 亿 kW·h，虽然至今开发的仅占其中的 7%，但已经给当地人民带来了很多效益（图 2.10）。其中，雷克雅未克周围的 3 座地热电站为 15 万冰岛人提供热水和电力，而整个冰岛有 85% 的居民都通过地热取暖。地热资源干净卫生，大大减少了冰岛对石油等能源的进口量。全球地热资源的利用还刚开始，目前地热提供的能量低于世界上每年所需能量的 0.02%。

　　"百里草原遍热泉，千里热湖映雪山"，羊八井地热电站位于拉萨市当雄县羊八井盆地之中，1977 年成功投产第一台 1000 kW 的发电机组（图 2.11）。羊八井地热电站已开发的主要是浅层资源，浅层即地下

图 2.10　冰岛的地热电站（来源：Pixabay）

图 2.11　羊八井地热电站

40～500 m深，该范围内的地热资源属高温热水型热储，热水的最高温度为 172℃。储藏于地表 1400 m 以下的"大储量、高品质"的地热资源（热储面积约为 14.7 km²）尚未开发，这部分深层地热的总装机容量保守估计至少为 3×10^7 W。

能量桩是一种利用地热资源进行供暖制冷的能源技术。上海世界博览会的世博轴地下埋了 6000 根能量桩（目前世界上单体能量桩用量最大的工程），利用地表水和地下的热能，每年节约用电达 562 万 kW·h，每年减少二氧化碳排放 5629 t，节能率达 60%（图 2.12）。

图 2.12 上海世界博览会世博轴展馆（来源：Justin Wen/Pixabay）

 为什么地下室冬暖夏凉?

河北省雄县地热资源分布广，出水量大，水温高。利用浅中层地热能（温泉）供暖，实现了"无烟城"，拥有享誉全国的"雄县模式"。2020 年，地热集中供暖面积已占城区集中供暖的 85%，覆盖县城 80% 以上的居民小区，每年可减少二氧化碳排放量 12 万 t。在收费方面，雄县的地热取暖收费低于之前燃煤取暖的费用。

20 世纪 70 年代末，海洋科学家在深海热液中发现了特殊的生物群。大洋深处热液口附近发现了密密麻麻色彩鲜艳的管状蠕虫群体，数不清的螺类和贝类、虾类和螃蟹，层层叠叠围绕着热液口。大洋深处一无阳光，二无养分，生物群如何生活？原来地球上存在两大生物圈。一个是过去我们熟悉的由叶绿体作基础，依靠太阳辐射能，通过光合作用在有氧环境下制造有机物的生物圈。另一个在深海等无光环境下，依靠化学合成作用来生存的细菌，这些化能合成细菌利用来自地球内部的热能和矿物质，将二氧化碳和水合成为有机物质，再被其他生物所利用，成为食物链的下一级，进而形成了黑暗食物链。这些生物能够在完全没有光线的环境下生存和繁殖，展示了生命在极端环境中的顽强生命力和多样性。因此，地球上有两种食物链，"万物生长靠太阳"说的是第一种生物圈对应的"有光食物链"；后一种属于"黑暗食物链"。"有光食物链"靠的是氧，而"黑暗食物链"靠的是硫。"黑暗食物链"的研究目前还处于初步阶段，今后将会有快速的发展（图 2.13）。

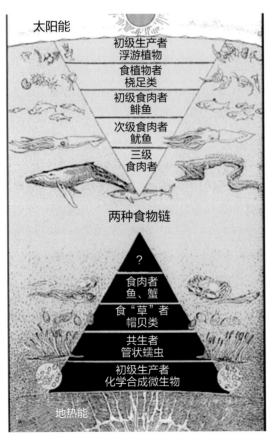

图 2.13　有光食物链和黑暗食物链（汪品先等，2018）

太阳辐射到地球的总能量约为每年 5.4×10^{24} J，和地球反射和黑体辐射出去的能量大体上平衡。实际上，太阳辐射能量 30% 被大气层发射，70% 地球作为黑体向外辐射，留给地球的只是其中的非常少的一部分，假定由于温室效应，地球留下了其中的千分之一到万分之一，给地球活动的能量约为 $10^{21} \sim 10^{22}$ J 量级。地热能约为每年 4.7×10^{20} J。应该说，太阳散发的能量比地球内部散发出的能量要多一些。尽管如此，我们也不能小看地球内部的能量，它维持着地核和地幔内的对流，板块漂移、火山、地震的能源都来自于它。从地球形成至今的 46 亿年，几乎每时每刻都在发生着地震与火山喷发，表明地核中的能源也是用之不竭。所以，地球活动的能量来源，太阳最大，地球内部次之。

2.3　重力势能

重力无时不在、无处不在。

大气圈由于地球重力的吸引，地面附近的空气密度大，气压高，而高空大气重力吸引力小，密度小，气压低。地面附近，每升高 100 m，大气压约减小 1 kPa。同时，密度大的空气上升时，体积膨胀，吸收热量，温度逐渐降低，每上升 100 m，气温减少约 0.65℃。一旦进入地下几十米，每深 100 m，温度上升 3℃。在大气运动（特别是对流）过程中，重力起了重要的作用。

对于岩石圈，高山上物体的势能高，一旦从山上落下，释放的能量会产生滑坡、泥石流、雪崩等灾害，这些现象都是重力影响的结果。在地表物质运移中，重力起到了关键的作用。

地球上为什么会有大山？岩浆就如同热空气上升一样，一旦遇到机会，就会钻出地面，上升形成大山，中国西南部峨眉山大花岗岩省就是一个例子（见本书第四章）。更为重要的是，地球板块激烈地碰撞，不仅在板块接合部产生隆起形成山脉，还使板块内部的地壳物质受到水平方向挤压力作用，导致岩石急剧变形并大规模隆起形成山脉，这被称为造山运动或造山作用（图 2.14）。

地质历史上，造山运动有时激烈，有时平缓，最显著的有两个时期。一个时期是从 1.4 亿年～1.3 亿年前开始，到 7000 万年前左右告一段落，叫作燕山运动，今天我国地势起伏的大体轮廓，就是在燕山运动中初步奠

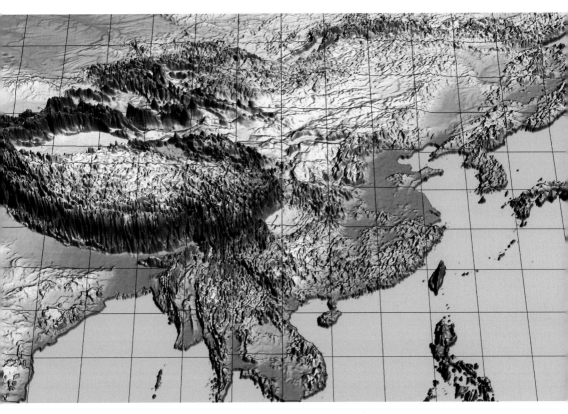

图 2.14　中国地势图

"横看成岭侧成峰，远近高低各不同（苏轼）"。造山运动主要发生在地壳局部的狭长地带，褶皱、断裂、角度不整合、岩浆侵入和区域变质作用发育。物体从高处的下滑，引起的滑坡、泥石流、地面塌陷，几乎每天都会发生

定的。另一个时期是近 3000 万年以来，即地质学上所说的喜马拉雅造山运动，高大的喜马拉雅山从海底崛起。不只是喜马拉雅山，我国许多地方都表现出地壳活动的增强，特别是西部地区，隆起上升的现象很显著，许多在燕山运动中已经形成的山岳再次被抬升，这种变动直到今天还没有完全停止下来。东亚构造体制发生了重大转换，西伯利亚板块向南、太平洋板块向西、印度洋板块向北东的同时向中朝板块汇聚，形成了以陆内俯冲和陆内多向造山为特征的东亚汇聚构造体系。

严格说来，地表重力势能根本上起源于地热能，没有地热能产生的地下岩浆和板块运动，地球表面难以形成重力势能的差别。但重力势能引起的地质灾害数量实在太多，所以也作为地球活动的一种能源加以介绍。

🌐 2.4 地球一些事件的能量

2.4.1 台风

照射到地球的太阳能在时间和空间上的差别，造成了地球大气层的运动。入射到地球的太阳能，赤道接收的多，两极接收的少。温度的差别，再加上地球的自转，产生了大气层运动，在海洋中产生了洋流。大气运动和洋流，就像一部巨大的热机，把热由地球的这一部分传到地球的那一部分。

太阳向地球辐射太阳能（图 2.15），在赤道辐射的能量多，因此，赤道大气层的温度也高，整个大气层的平均温度从赤道向两极逐渐减少（图 2.16）。

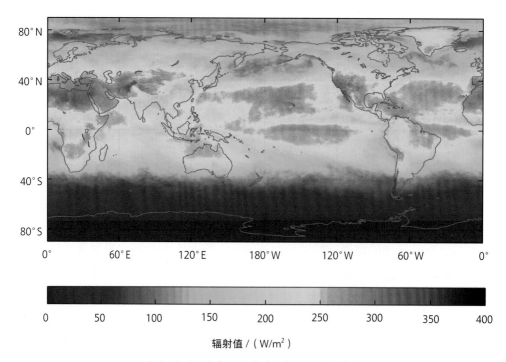

图 2.15 2009 年 7 月全球太阳辐射空间分布
（来源：中国科学院青藏高原研究所国家青藏高原科学数据中心）
7 月北半球太阳高度角较高，太阳辐射较大。南极地区是极夜，太阳辐射为 0。全球全年平均太阳辐射平均值在 200 ～ 250 W/m²

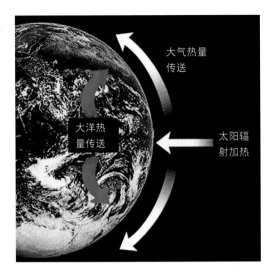

图 2.16　太阳辐射传输示意图

全年平均太阳辐射在赤道附近最大，由大气和海水输运到两极，决定了全球尺度大气的运动

太阳能造成区域性的大气运动。夏季在温度高的热带海域内，海水被加热，太阳光使热空气往上升，地面气压降低，外围空气就源源不绝地流入上升区，又因地球转动的关系，使流入的空气像车轮那样旋转起来。当上升空气膨胀变冷，其中的水汽冷却凝成水滴时，放出大量热能，这又助长了低层空气不断上升，使地面气压下降得更低、空气旋转得更加猛烈，在这样一种不断增强的失稳过程中，就形成了台风（图 2.17）。

图 2.17　太平洋超强台风的卫星照片（来源：NASA）

台风是大气中绕着自己中心急速旋转而又向前移动的热带气旋。太阳照在赤道附近的海洋，海面厚厚一层海水温度被加热到 26.5℃以上，这个暖水层必须有 60 m 左右的厚度。在 60 m 深的一层海水里，水温都要超过这个数值。太阳光使热空气开始往上升时，地面气压降低，外围空气就源源不绝地流入上升区，又因地球自转的关系，使流入的空气像车轮那样旋转起来。当上升空气膨胀变冷，其中的水汽冷却凝成水滴时，放出大量热能

台风携带的能量极大。1966 年亚洲东南部出现的 Herb 台风是一个高能量的系统，其主要的天气现象包括强风和暴雨，强风伴随着大量的动能，而暴雨则带着大量水汽凝结的潜热释放。潜热，是相变潜热的简称，指物质在等温等压情况下，从一个相变化到另一个相吸收或放出的热量（图 2.18）。Herb 台风使台湾地区的平均降雨量为 1000 ～ 2000 mm，此雨量乘以凝结潜热（2.5×10^6 J/kg）及集中降雨区的面积（1 万 km² 以上）后，可以得到一次 Herb 台风总能量的估计值为 10^{20} J（持续多天的积累能量）。如此大的能量相当于台湾几百年的用电量。

凝结潜热是一个物理学概念。凝结时，由于水汽分子变为液态水，分子间的位能减少，因而有热能释放出来。这种凝结时释放出来的热量叫作凝结潜热，它与同温下的蒸发潜热（汽化潜热）数量上相等。

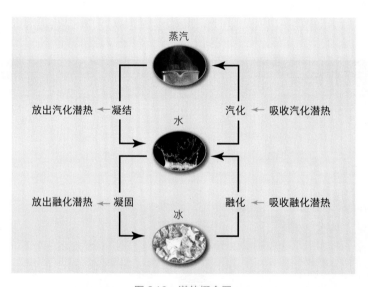

图 2.18　潜热概念图

2.4.2
地震

1960 年智利大地震大到山崩地裂、房倒屋塌，震动全球，而小的地震每年发生多达百万次，震动小到人体根本感觉不到，甚至比马路上汽车产生的地面震动还小，只有灵敏的仪器才能记录到。地震大小差别极大，如何表示地震的大小？

人们用地震产生地震波所携带的能量 E 来表示地震的大小，引入了地震的震级 M（magnitude）的概念。震级大的地震，释放的能量就多，地面震动就更强烈。

地震释放的地震波能量 E 与震级 M 有下列关系（能量 E 以焦耳计）：

$$\lg E = 4.8 + 1.5M$$

地震波能量 E，可以通过分布在全球的地震台观测到的地面震动记录推算得到。一旦地震发生，地震观测网就能测出地震发生的地点和地震的震级，进而可以间接地估计各地地面震动的强烈程度。地震震级大 1 级，释放的地震波能量大 $10^{1.5} \approx 31.6$ 倍；震级大 2 级，释放的地震波能量大 $10^{1.5+1.5} = 10^3 = 1000$ 倍；震级大 4 级，释放的地震波能量大 10^6 倍。一个 8 级地震，释放的能量是一个 4 级地震的一百万倍。2008 年汶川地震 8 级（$M = 8$）的地震释放能量约为 10^{17} J（焦耳），虽然小于 HERB 台风总能量的估计值为 10^{20} J，但台风释放能量的过程持续多天，而地震释放能量的过程不超过 1 分钟。

2.4.3 化石能源

当前，地球上的人类离不开煤、石油、天然气等化石能源。2006 年全球消耗的能源中化石能源占比高达 87.9%，我国的比例更是高达 93.8%。化石能源和地球的生物圈有极为密切的关系，生物圈中重要的过程是植物的光合作用。

光合作用，通常是指绿色植物（包括藻类）吸收光能，把二氧化碳和水合成富能有机物，同时释放氧气的过程，它对实现自然界的能量转换、维持大气的碳 - 氧平衡具有重要意义。

植物通过光合作用，把太阳能转变为化学能，储存在所形成的有机化合物中。每年光合作用所同化的太阳能约为人类所需能量的 10 倍。有机物中所存储的化学能，除了供植物本身使用外，更重要的是作为人类营养和活动的能量来源。可以说，光合作用提供人类活动的主要能源（图 2.19）。

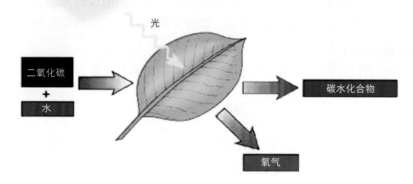

图 2.19 　光合作用示意图

植物通过光合作用，将太阳能变为化学能，把无机物变成有机物，光合作用提供今天的主要能源。绿色植物是一个巨型的能量转换站。植物靠阳光、二氧化碳和水就能生存。人必须杀生，必须进食，植物可比我们人类文明多了。假如我们人类也有这本领，或许就不用为了填饱肚子而杀死动物了！

大气之所以能基本保持 21% 的氧含量，主要依赖于光合作用。植物的光合作用虽然能清除大气中大量的二氧化碳，但大气中二氧化碳的浓度仍然在增加，这主要是城市化及工业化所致。

当我们讨论地震、海啸、火山、洪水、滑坡和泥石流等多种自然灾害时，不同灾害产生的原因不同，特点也不同。但这些灾害的背后，都有地球活动的能量来源。地球上不同的地点、不同的时间接收能量也是不同的，因此，讨论地球的活动时，第一要看能量来源何处，第二要看能量的转移，能量流的空间与时间分布，这些是造成地球不断活动的根本原因。我们生活的地球是一个活动的星球，它每时每刻都在发生变化。这些变化，特别是快速变化造成了自然灾害。我们应该从地球的外部能量（太阳能）、内部能量（地球地热能）和重力能量的角度，认识灾害的原因和特点，用能量分析把不同的自然灾害联系起来。

 树木生长靠什么？

第三章

地震

人类对天然地震的记录历史源远流长。中国最早关于地震的记录发生在公元前1831年，见于《竹书纪年》。更早的地震文字包括象形文字记载是在中东，在这些地区，地震记载可追溯到公元前40世纪。地震留给人的主要印象就是一场大灾难（图3.1）。

古代日本人认为是一种鲇鱼（catfish）的翻身造成了地震，印度人认为是地下的大象发怒引发了地震。真正对地震的科学认识始于中国东汉132年张衡候风地动仪的出现（图3.2）。候风地动仪说明对于地震本质中国人有了科学理解，即地震是一种远方传过来的地面震动。这一概念建立了地震和地震波的直接联系，直到18世纪这一点才被西方科学家重新确认。

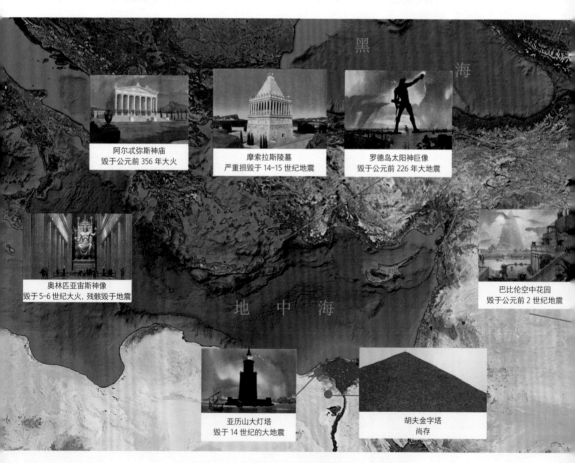

图3.1　古代世界的建筑奇迹曾遭到地震破坏

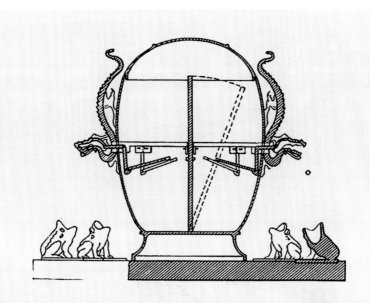

图 3.2 中国张衡于公元 132 年创制了候风地动仪

东汉张衡于公元 132 年创制了候风地动仪。公元 138 年，陇西发生地震，千里之外的洛阳并无感觉，但地动仪却测到了，许多人都不相信，几天后，驿马送来了消息，于是朝廷内外尽皆信服。可惜的是，公元四世纪，这台仪器在战乱中散失，至今失传。后人对于地动仪的复原，究竟是倒立柱原理还是悬挂摆原理，多有争论。但公认的是：地动仪的设计充分证明张衡已经知道地震是由远处一定方向传来的地面震动，这是一个本质性的理解

🌐 3.1 破碎的岩石圈

由于地球内部处在高温高压状态，地球内部物质大多处于熔融状态或部分熔融状态。地球表面的一层，冷却后形成了包围地球的岩石圈。岩石圈是一个完整的圈层，但它碎成了许多块，叫作板块。其中较大的几大板块是：非洲板块、欧亚板块、印度－澳大利亚板块、太平洋板块、南极洲板块、北美板块和南美板块。板块在地球表面上不停地漂移，但每个板块漂移的方向和速度却不相同，有的板块不断生长，有的板块逐渐消亡，生长与消亡主要发生在各板块之间的边界上。因此，板块之间的俯冲、碰撞、剪切滑动就是产生地震的原因。板块边界带就是地震发生的主要地点（图 3.3）。

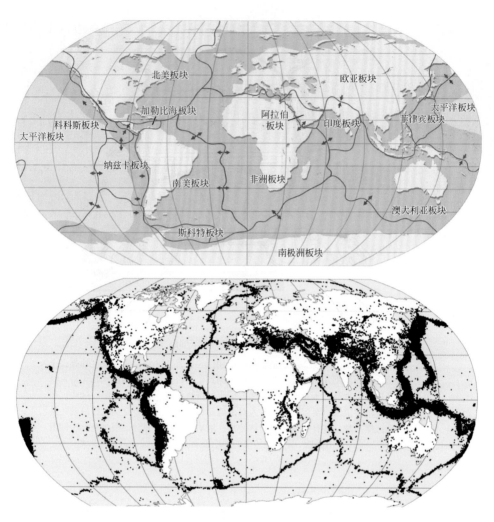

图 3.3　地震主要发生在板块边界

（上）地球上的几大板块，它们在地球上漂来漂去，图中给出了主要板块的分布及其边界；（下）不同板块漂移的方向和速度不尽相同，在板块边界发生碰撞和摩擦，产生地震，该图展示了 1963～1998 年全球 200 855 个地震的发生地点。对比两张图，可以清楚地看出，绝大多数地震发生在板块边界

　　从全球地震震中分布图上可以看出，地震主要分布在三个地震带上。首先约 70% 的地震分布在围绕太平洋板块的俯冲边界上，这是环太平洋地震带，包括日本、中国台湾、美国加州圣安德列斯断层带等著名的地震活动区。其次，约占全球 15% 的地震分布在欧亚板块和非洲板块、阿拉伯板

块、印度 - 澳大利亚板块的边界，从地中海到喜马拉雅的这个地震带，叫作欧亚地震带，其上地震分布的特点是比较分散，不像环太平洋地震带那么集中、那么有规则。第三个地震带是沿着各大洋洋中脊分布的洋脊地震带，约占 5% 左右。

　　一个板块内部也不是铁板一块。岩石圈是早期岩浆地球冷却后形成的圈层。我们先来看看湖水冷却结冰的情况。湖水温度降低时，水的密度减少，体积膨胀，结冰时，冰面出现大大小小闪光的线条，代表了膨胀时冰中形成的裂纹和各种间断面（图 3.4）。岩石圈的情况也类似，岩浆冷却时，板块内部自然会形成许多断裂和各种软弱面。板块漂移的同时，板块内部的断裂和软弱面也会发生裂开、滑移、剪切错动等，产生地震，这属于板块内部的地震，简称板内地震。

图 3.4　冬日的冰面犹如地球的板块

湖水结冰时，冰面出现大大小小闪光的线条，代表了结冰过程中由于体积膨胀形成的裂纹和各种间断面。岩浆在地面冷却形成岩石时，温度降低，体积膨胀，在板块内部形成许多断层和各种间断面，这种大大小小断层和各种间断面的相对运动，便会产生板内地震上面讲了地震发生的原因和地震发生的地点。现在讲讲地震发生的具体过程。1739年1月3日（清乾隆三年十一月二十四日），宁夏平罗、银川一带发生大地震，地震破坏极为严重，当地县志记载了极震区情况："酉时地震，自西北至东南，平罗郡城尤甚，东南村堡渐减。地如奋跃，土皆坟起。平罗北新渠、宝丰二县，地多坼裂，宽数尺或盈丈，水涌溢，其气皆热，淹没村堡。平罗、新渠、宝丰三县及洪广营、平羌堡，城垣、堤坝、屋舍尽倒，压死官民男妇五万余人。"地震把经过平罗的长城错断，断层两盘发生了3～4 m的右旋错动（图3.5）。

图 3.5　1739 年平罗地震断层造成长城宁夏段的右旋错断（来源：熊建国供图）

站在断层的一盘上，观测另一盘的运动，向右就叫作右旋运动，向左叫作左旋运动

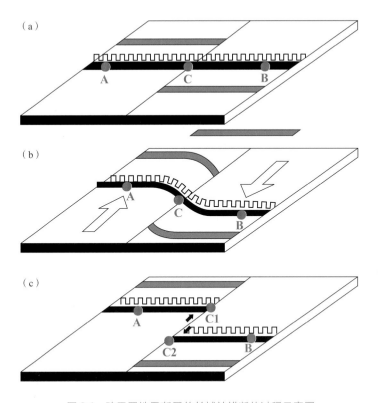

图 3.6 跨平罗地震断层的长城被错断的过程示意图

（a）长城垂直穿过断层，地震前未发生形变。（b）长期构造力作用下，断层错动，横过断层的长城逐渐发生弯曲，A 点和 B 点向相反方向移动，积累了大量弹性能量；（c）地震时，在 C 点发生破裂，在断裂两侧的应变岩石弹回到 C1 和 C2，释放能量。这就是地震的弹性回跳假说

平罗长城的错断可以用图 3.6 来解释。地球深部的作用力使地震活动区岩石产生变形，随时间增加变形渐渐变大。这种变形积累了几千年，储存了大量弹性能量。地震时，平罗断层发生错动，释放了积聚的能量，整个区域又回到原来的状态。

大多数地震发生在地下深处，只有极少数的大地震能见到地面上的断层错断。我们把地下深处发生错断的地方叫作地震的震源（图 3.7）。按照震源的不同深度，地震通常可分成三类：

（1）浅源地震，震源深度小于 70 km。

（2）中源地震，震源深度在 70 ~ 300 km。

（3）深源地震，震源深度大于 300 km。

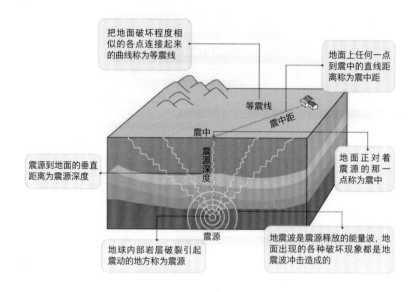

图 3.7 地震的基本要素

（来源：普通高中课程标准实验教科书 地理·选修 ⑤）

全世界 90% 的地震震源深度都小于 100 km，仅有少数的地震是深源地震。由于浅源地震能够产生更大的地球表面的震动，因此，浅源地震的破坏力也最大。

3.2 强烈的地面震动

地震产生强烈的地面震动，造成房屋建筑物等破坏倒塌。我们把地面房屋等建筑物受地震发生破坏的程度叫作地震烈度（seismic intensity），用它表示地震对地表影响的强弱程度。地震越大，产生的地震烈度就越大；离震中越远的地方，地震烈度就越小。

中国采用 12 级的地震烈度表。由于烈度是破坏程度的定性描述，所以烈度均以整数表示，习惯上用罗马数字表示（图 3.8）。中国的地震烈度表，首先是用人的感觉和建筑物破坏情况加以定性描述，其次是用仪器测量的地面峰值加速度，单位是 g（重力加速度，$1\,g \approx 9.8\ m/s^2$）。当地面震动为 $1\,g$ 时（这是非常强烈的地面震动），站在地面上的人会被向上抛起来。

（1）小于Ⅲ度，人无感受，只有仪器能记录到。

（2）Ⅲ度，夜深人静时人有感受。

（3）Ⅳ-Ⅴ度，睡觉的人惊醒，吊灯摆动。

（4）Ⅵ度，器皿倾倒、房屋轻微损坏。

（5）Ⅵ-Ⅶ度，房屋破坏，地面裂缝（Ⅶ度地面峰值加速度为 $0.125g$）。

（6）Ⅷ-Ⅹ度，房倒屋塌，地面破坏严重（Ⅷ度地面峰值加速度为 $0.25g$，Ⅸ度地面峰值加速度为 $0.5g$，Ⅹ度地面峰值加速度为 $1g$）。

（7）Ⅺ-Ⅻ度，毁灭性的破坏（地面峰值加速度 $>1g$）。

地震大小也可以用震级表示。震级是表示地震释放的能量大小的物理量。1960 年智利大地震可以大到山崩地裂、房倒屋塌，震动全球，而小的地震每年发生多达百万次，小到人体根本感觉不到，甚至比马路上汽车产生的地面震动还小，只有灵敏的仪器才能记录到。

地震学家里克特（Richter）用地震所释放的能量 E 来表示地震的大小，并引入了地震的震级 M_L（magnitude）的概念，叫作里氏震级。如第二章所述，不同震级地震的能量差别是很大的。2 级地震的能量是 1 级地震的 31.6 倍，3 级地震的能量则是 1 级地震的 1000 倍，5 级地震的能量则是 1 级地震的一百万倍。所以，尽管小地震数目比大地震多得多，但总能量中的大部分仍是由大地震释放的。

震级和烈度都可以表示地震大小的量，但是两者有很大的不同。震级是表示地震所释放的能量的大小，一个地震只有一个震级。而烈度表示地震造成地面震动的强弱，不同的地区，烈度大小是不一样的。距离震中近，破坏就大，烈度就高；距离震源远，破坏就小，烈度就低。

可以举个例子说明震级和烈度的不同，地震震级好像不同瓦数的日光灯，瓦数越高能量越大，屋子越亮。烈度好像屋子里受光照的程度（光学中称为"照度"），对同一盏日光灯来说，距离日光灯的远近不同，各处受光的照射也不同，所以各地的"照度"也不一样。通常可以根据地震的震级，给出地震的震中区附近的烈度（对大多数发生在地壳内的地震）：

（1）5 级地震——震中烈度Ⅵ-Ⅶ度。

（2）6 级地震——震中烈度Ⅷ度。

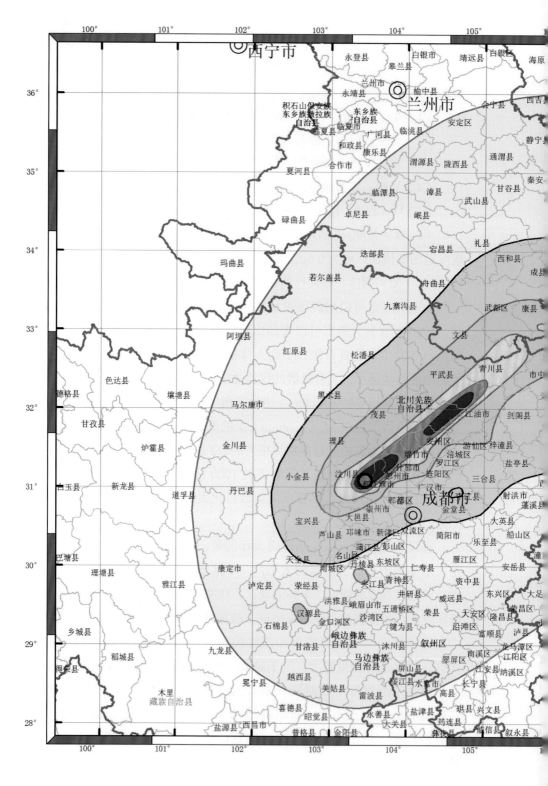

图 3.8 2008 年汶川 8

震动最强烈的极震区，是从汶川县到青川县的一个东北走向

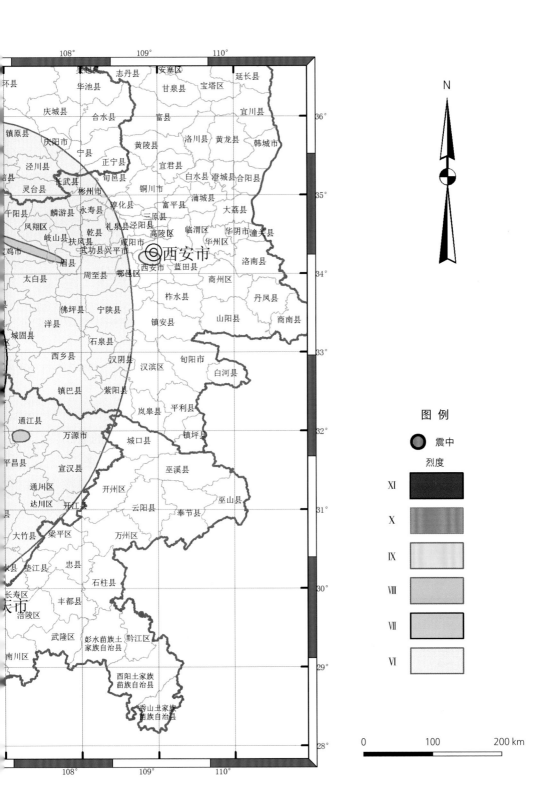

图 例

○ 震中

烈度

XI	
X	
IX	
VIII	
VII	
VI	

震线图（Chen，2011）

烈度为 X - XI度，离汶川 100 km 外的成都，地震烈度为 VI - VII

（3）7级地震——震中烈度Ⅸ－Ⅹ度。

（4）8级地震——震中烈度Ⅺ－Ⅻ度。

 某地 A，一般建筑物的设防地震烈度是Ⅷ度。什么地震能在 A 地造成烈度Ⅷ的影响？

3.3 地 震 灾 害

美国科学家恩达尔（Engdahl）等统计了 1900 ～ 1999 年全世界各国的地震记录（表 3.1）。从 1900 年以来，7 级地震的记录是完备的；1930 年以来，6.5 级地震的记录是完备的；1964 年以来，5.5 级地震的记录是完备的。

表 3.1　全球 20 世纪（1900 ～ 1999 年）地震发生次数统计

震级	全球	中国（大陆）
9.0 ～ 9.2	2	
8.0 ～ 8.9	79	3
7.0 ～ 7.9	1607	59
6.0 ～ 6.9	5260	122

数据来源：Engdahl et al., Global Seismicity: 1900 ～ 1999//Lee W H K (edited). International Handbook of Earthquake and Engineering Seismology (Part A). Amsterdam :Academic Press, 2002

3.3.1
世界的地震灾害

1. 1755 年里斯本地震（敬畏自然）

1755 年 11 月 1 日，传统的万圣节，葡萄牙里斯本全城的居民走上街道，进入教堂，欢庆节日。9:40 左右，地震发生，地面强烈摇摆，并发出打雷般的巨大声响。教堂多由巨大石块建成，坠落的石块砸向了街道上和教堂里无处可躲的人群。节日里点燃的蜡烛和油灯，引发了不断的火灾（图 3.9）。

图 3.9 里斯本的卡尔莫修道院遗址（来源：Pixabay）

这次发生在万圣节的大地震，使里斯本 25 万居民中的 7 万人丧生，包括卡尔莫修道院在内的 85% 的建筑物被毁

18 世纪，葡萄牙是靠航海而兴起的世界上第一个崛起的大国，首都里斯本更是世界上最繁华的城市，是贸易、金融和文化的中心。里斯本地震造成了极为巨大的灾害，25 万人的城市居民中高达 7 万余人丧生，除生命和财产损失外，里斯本的图书馆藏有的许多全世界文化精品，如航海地图、中世纪的艺术珍宝都毁于这次地震。1755 年里斯本大地震是崛起大国葡萄牙衰落的一个重要原因（图 3.10，图 3.11）。

图 3.10　回顾世界近代史大国崛起的历史，葡萄牙是靠航海崛起的第一个国家，中央电视台《大国崛起》的第一集讲的就是葡萄牙，1755 年里斯本大地震是崛起大国葡萄牙衰落的重要原因

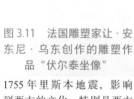

图 3.11　法国雕塑家让·安东尼·乌东创作的雕塑作品"伏尔泰坐像"

1755 年里斯本地震，影响到西方的文化，特别是西方哲学。法国哲学家伏尔泰（Voltaire）亲身经历了地震。震后，他以这次地震为名，写了"里斯本地震（The Lisbon Earthquake）"的诗，讨论世界哲学史上的一个永恒的话题：人和自然。是人定胜天？还是听天由命？他感叹道：自命不凡的人类在巨大的天灾面前更多呈现出的是无力感

2. 1906 年美国旧金山地震（社会稳定）

1906 年 4 月 18 日清晨 5 点 20 分，美国旧金山（38.0°N，123.0°W）发生 8.3 级地震。震时全城起火，近 10 万人逃离城市，经济损失超过 5 亿美元。这场地震及随之而来的大火，对旧金山造成了严重的破坏，可以说是美国历史上主要城市所遭受的最严重的自然灾害之一（图 3.12）。旧金山地震提出了震后保持社会稳定的重要问题（图 3.13）。

图 3.12 1906 年大地震震后的旧金山（来源：旧金山公共图书馆）

3. 1994 年美国加州北岭地震（预测不准）

1994 年 1 月 17 日清晨 4 点 31 分，洛杉矶西北 35 km 的北岭市（34.9°N，118.8°E）发生 6.8 级地震，死亡 57 人，受伤 7000 余人，直接经济损失 300 亿美元，是迄今为止美国历史上损失最严重的地震（图 3.14）。令人深思的是，震前许多"专家"预测，美国加州的大地震将会发生在圣安德列斯断层

PROCLAMATION BY THE MAYOR

The Federal Troops, the members of the Regular Police Force and all Special Police Officers have been authorized by me to KILL any and all persons found engaged in Looting or in the Commission of Any Other Crime.

I have directed all the Gas and Electric Lighting Co.'s not to turn on Gas or Electricity until I order them to do so. You may therefore expect the city to remain in darkness for an indefinite time.

I request all citizens to remain at home from darkness until daylight every night until order is restored.

I WARN all Citizens of the danger of fire from Damaged or Destroyed Chimneys, Broken or Leaking Gas Pipes or Fixtures, or any like cause.

E. E. SCHMITZ, Mayor

Dated, April 18, 1906. ALTWATER PRINT, MISSION AND 22D STS.

图 3.13　旧金山市长令

1906 年 4 月 18 日旧金山发生地震后，短期出现无政府状态，社会秩序一度混乱，抢劫杀人等恶性事件多有发生。全市进入紧急状态，市长当天签署并发布市长令："我授权联邦军队，各种警察可以开枪射杀进行抢劫或其他趁火打劫的任何人。我已命令所有的煤气和电力公司停止供气和供电。我下令宵禁，要求所有居民晚上待在家中，不要外出。我提醒全体居民注意火灾，特别留意那些被破坏的烟筒和管道"

图 3.14　美国加州北岭地震震灾
（来源：J. Dewey/USGS）

1994 年 1 月 17 日，美国洛杉矶西北 35 km 的北岭市发生 6.8 级地震，震级不大，却是迄今为止美国历史上损失最严重的地震。震前一些"专家"预测未来的地震大概率会发生圣安德列斯断层上，导致该地区房地产市场一落千丈，事实上，地震反而发生在他们认为比较不危险的地方

上，事实和这些"专家"开了个大玩笑：认为最危险的地方没有发生大地震，认为比较不危险的地方却发生了大地震。

4. 1995 年日本阪神地震（软损失严重）

1994 年美国北岭地震发生后，日本派出考察团，他们认为，日本抗震设防能力很强，像北岭这样的地震如发生在日本，不会有太大的损失。历史又一次开了个玩笑，整整一年后（一天也不差），1995 年 1 月 17 日，日本发生了同样大小的 6.8 级阪神地震，损失比北岭地震还要严重得多（图 3.15）。商业中断，金融、信息和物流中心的功能受到影响，这些"软损失"大大超过了建筑物、设备破坏等的"硬损失"。

图 3.15 日本阪神地震中金属结构的高架桥破坏的场景
（来源：Dr. Roger Hutchison，NGDC/NOAA）

1995 年 1 月 17 日，美国北岭地震正好一周年，日本阪神发生地震。这次地震使得大阪和神户的金融、信息和物流中心的功能受到严重影响，经济损失高达 1000 亿美元之多，而这次地震造成建筑物和设施破坏等工程损失只有 480 多亿美元。这是地震灾害史上，地震灾害的软损失（商业、信息等损失）第一次超过硬损失（工程损失）

5. 2011 年东日本大震灾（历史之最）

2011 年 3 月 11 日，日本东部海域（38.103° N，142.86° E）24 km 深度发生 9.0 级大地震。此次地震是日本有观测纪录以来第一个震级超过 9 的地震，也是日本史上规模最大的地震。地震和海啸造成至少约 16 000 人死亡、2600 人失踪，遭受破坏的房屋约 130 万栋。日本是个抗震国家，国民对于抗震训练有素，但这次地震是日本第二次世界大战后伤亡最惨重的自然灾害，还伴随着海啸和核电厂的核泄漏。这次地震使本州岛移动，地球的地轴也因此发生偏移。日本内阁会议正式将该次地震带来的灾害，统一命名为"东日本大震灾"。

3.3.2 中国的大地震

中国的一些重大地震灾害见表 3.2。

表 3.2　中国的一些重大地震灾害

年份	地区	震级	死亡人数	经济损失 / 亿美元
1556	陕西华县	8.0	830 000	
1920	甘肃海原	8.5	200 000	
1966	河北邢台	7.2	8000	
1975	辽宁海城	7.3	1328	
1976	河北唐山	7.8	240 000	
2008	四川汶川	8.0	70 000	8451

数据来源：中国地震年表，地震出版社，2012 年。

1. 1556 年陕西华县地震（全球历史上死亡人数最多的地震）

1556 年 1 月 23 日，明嘉靖三十四年，陕西华县、渭南、华阴一带（关中）发生大地震，河北、安徽、湖南等地都受到影响，波及面积达 90 万 km^2。由于这次地震发生在午夜 12 时，人们正当熟睡，死伤惨重。明史记载：“官吏军民压死八十三万有奇”（图 3.16）。人类历史上有记载死人最多的地震就是这一次。

2. 宁夏海原地震（中国历史有感范围最大的一次地震）

1920 年 12 月 16 日，宁夏海原发生 8.5 级地震，震中烈度高

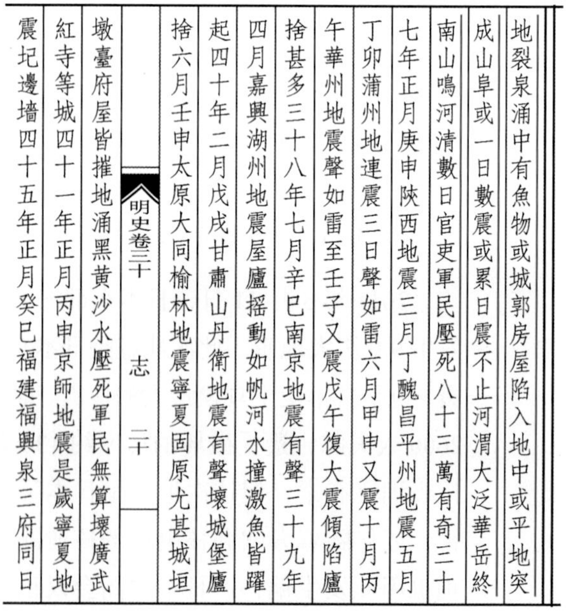
地裂泉涌中有魚物或城郭房屋陷入地中或平地突成山阜或一日數震或累日震不止河渭大泛華岳終南山鳴河清數日官吏軍民壓死八十三萬有奇三十七年正月庚申陝西地震三月丁醜昌平州地震五月丁卯蒲州地連震三日聲如雷六月甲申又震十月丙午華州地震聲如雷至壬子又震戊午復大震傾陷廬捨甚多三十八年七月辛巳南京地震有聲三十九年四月嘉興湖州地震屋廬搖動如帆河水撞激魚皆躍起四十年二月戊戌甘肅山丹衛地震有聲壞城堡廬捨六月壬申太原大同榆林地震寧夏固原尤甚城垣

明史卷三十　志　二十

墩臺府屋皆摧地涌黑黄沙水壓死軍民無算壞廣武紅寺等城四十一年正月丙申京師地震是歲寧夏地震圮邊墻四十五年正月癸巳福建福興泉三府同日

图 3.16　明史记载的陕西华县大地震

达Ⅻ度，有感范围远达上海、北京、香港，甚至连越南海防的摆钟也因此停摆。这是中国历史上有感范围最大的一次地震，伤亡和损失极其严重，约有 20 万人丧生。地震发生时"山崩地裂，房屋倒塌，一切荡然无存"，震中地区"状如车惊马奔，轰声震耳，房倒墙塌，土雾弥天，屋物如人乱抛"，"清江驿以东，山崩土裂，村庄压没，数十里内，人烟断绝，鸡犬绝迹"（图 3.17，图 3.18）。地震造成长达 215 km 的巨大破裂带，至今仍清晰可辨。中外近百个地震台都记录到了这次能量巨大的地震，这次地震也被称为"环球大震"。

3. 1975 年辽宁海城地震（地震预报的探索）

1975 年 2 月 4 日，辽宁海城发生 7.3 级地震，波及 9000 km²，海城人口稠密、工业发达，震区房屋倒塌达 90% 以上，按通常估计死亡人数将会有 10 万人，由于地震预报，数百万受灾人口中仅 1328 人死亡（图 3.19）。

王克林和陈棋福等（Wang et al., 2006）的研究报告关于海城地震的预报情况这样写道："海城地震前有两次正式的中期预报，但未正式发布短期预报；地震当天，有一个县政府发布了具体的疏散令，而辽宁省地震工作者和政府官员的行动在实效上也构成了临震预报。上述行为拯救了成千上万的生命，但震区当时的建筑方式和傍晚发震的时间亦有助于减少地震的伤亡。灾区各地疏散工作极不均衡，由最底层的行政部门做出应急决策的情况较为常见。最重要的临震前兆是前震活动，但诸如地形变异常、地下水水位、颜色和化学成分的变化以及动物异常也起了一定的作用。"

4. 1976 年河北唐山地震（24 万人在地震中丧生）

1976 年河北唐山发生 7.8 级地震，灾害极为严重（图 3.20）。如果我们把占一次地震灾害损失 90% 的时间和空间拿来统计，20 世纪全球统计资料表明，100 年内全世界所有地震造成灾害的时长不到 1 个小时，空间不到地球表面积的万分之一。因此，巨大的地震灾害发生在短暂的瞬间和非常局限的空间，这是地震灾害的显著特点，也是地震灾害有别于其他自然灾害的地方。

242 000 人在唐山地震中丧生，在这场规模空前的灾害救治行动中，人们也获得了不少经验和启示：

图 3.17　海原地震震后惨状

1920 年海原地震后，中央地质调查所所长翁文灏亲自带队，和地质学家谢家荣等 6 人前往海原现场调查，行程近 3 个月，这是震后 79 天拍的灾区照片。翁文灏认识到，地震现象不能只由地质学家通过宏观考察进行研究，还需要设立地震台进行观测，以便应用物理方法研究地震的本质。于是，他安排李善邦于 1930 年在北京西山的鹫峰建立了地震台，这是中国人自己建立的第一个地震台

图 3.18　被地震劈开的大树（来源：海原地震博物馆供图）

地震发生在十几千米的地下，巨大的能量释放导致了地面大量裂缝的产生，海原地震产生的地面裂缝可将地面上的大树劈开，可见地震能量之巨大

图 3.19　海城地震的预报

1975 年辽宁海城地震的预报拯救了成千上万的生命，震前许多电影院等公共活动场所暂停开放，电影改为露天放映，极大减少了人员伤亡

图 3.20　唐山地震震后的一片废墟

1976 年 7 月 28 日河北唐山地震，24 万余人遇难，唐山地震成为 20 世纪全球死亡人数最多的地震。震前唐山是座地震不设防的城市，这场地震给人类留下了深刻的教训

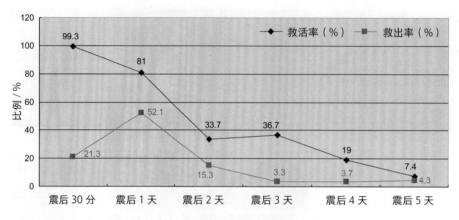

图 3.21　震后不同时间的救活率、救出率

震后及时抢救伤员，24 小时内最重要，是抢救伤员的黄金时段。唐山地震的实际情况是 1 天内伤员的救活率为 81%

（1）大地震灾害后，社会可能存在短时间的无政府状态，尽快恢复社会秩序，采取非常措施保持社会稳定，对于有效救灾十分重要。

（2）争分夺秒对于救治伤员十分关键，实事表明，大地震发生后的 24 小时是抢救伤员的极为关键的黄金 24 小时（图 3.21）。

（3）要树立"小灾靠自己，中灾靠社区，大灾靠国家"的救灾意识，联合国在 21 世纪初提出的救灾口号是"发展以社区为中心的减灾策略"，这种意识在最大限度减轻灾害方面是很有效的。

5. 2008 年四川汶川 8.0 级地震（新中国成立后破坏力最大的地震）

2008 年 5 月 12 日汶川地震发生，震级达 8.0，震中地震烈度达到 XI 度。地震波及大半个中国及亚洲多个国家和地区。地震共造成近 7 万人遇难，直接经济损失达 8451 亿元。这是新中国成立以来破坏力最大的地震，也是唐山地震后伤亡最严重的一次地震（图 3.22）。

汶川地震严重破坏了山区的交通。地震时，全部交通干线损坏，打通时间超过 170 小时。地震灾后重建，投资了几十亿元的主要盘山公路，修了断、断了修，几乎没有竣工的日子。调查结果表明，相比路基和桥梁，隧道表现出较好的抗震性和避防灾害的能力，在汶川地震中，无一隧道完全

图 3.22 汶川地震震中区映秀村受到严重的破坏（来源：中国环球电视网，https://news.
cgtn.com/news/3d3d414f33677a4d77457a6333566d54/index.html [2023-6-23]①）

地震后，在倒塌的汶川中学的废墟前，建立了汶川地震纪念碑，碑前的时钟永远停留在发震时刻：
2008 年 5 月 12 日 14 点 28 分

塌陷，即使在高达ⅪⅠ度的极震区，受损隧道修复后也能全部使用。山区公路隧道发挥了很好的减灾和避灾的效果（图 3.23）。

全世界发生地震最多的国家，前三名分别是印度尼西亚、美国和日本，中国大陆最多排第五，包括台湾省在内，全中国的地震活动在全球也不是最多的。

图 3.23 汶川地震震中区的龙洞子隧道（来源：陆鸣供图）

该隧道经历了烈度高达Ⅹ度的考验，轻微破坏，修复后仍可通行

但是，20 世纪以来全球因地震死亡的人数是 160 万，中国约占 60 万。历史记载全球死亡超 20 万人的地震有 6 次，中国就占了 4 次（据中国地震局局长陈建民 2006 年 7 月 26 日对新华社记者的讲话，图 3.24）。

---

① 书中未标注日期网址，同此。

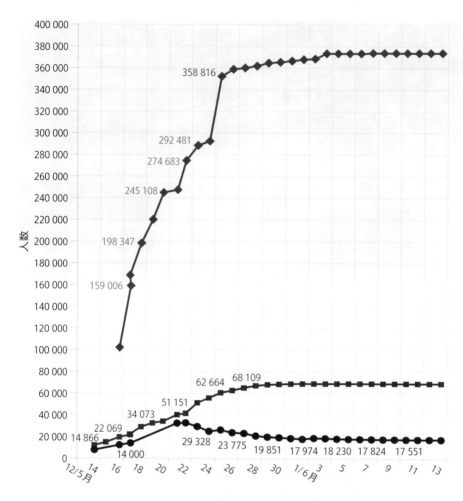

图 3.24　汶川地震震后伤亡人数统计图

图中纵坐标是时间，蓝色方块表示死亡人数，绿色方块表示受伤人数，棕色圆圈表示失踪人数。震后 2 天得到的死亡数字只有 14 886，受伤数字是 100 000；震后 1 个月的死亡数字为 69 226，受伤数字为 380 000。及时得到灾情信息，对救灾极为重要。震后救灾的"黄金时间"应进一步得到重视

　　为什么中国不是世界上地震最多的国家，却是地震灾害最严重的国家？首先，全球地震大多数发生在海洋，对人类造成灾害的主要是发生在大陆的那些地震，中国的陆地面积仅为全球的 1/14，但中国的大陆地震占全球大陆地震的 1/3 至 1/4。其次，发达国家的建筑质量要比发展中国家好许多。

　　为纪念汶川大地震，经国务院批准，自 2009 年起，每年 5 月 12 日定为"全国防灾减灾日"。

3.3.3
人类活动引发的地震

早期，人类活动的力量无法和大自然相比，基本上处于"听天由命"的状态。随着人类数量的增加和科技的进步，人类的活动已成为改变自然界的不可忽视的力量，并且有些人类活动也会引发地震。

1. 水库地震

水库蓄水引发库区附近的地震活动性（地震频次或震级）明显增高，称为水库地震（表 3.3）。水库地震研究最早始于 1931 年希腊马拉松水库。从那时起，人们就意识到人类工程活动，如向地下注水和修建水库均可引发地震。水库储水引发的地震多为中小地震，全球约有近 20 座水库蓄水引发地震，最大的震级为 6.4。

表 3.3 世界一些主要的水库诱发地震表（陈颙，2019）

水库（国家）	坝高 /m	库容 /10^8m^3	蓄水时间	初震时间	最大诱发地震时间	震级 Ms
Koyna（印度）	103	27.8	1962.6	1963.10	1967.12	6.4
新丰江（中国）	105	115	1959.10	1959.11	1962.03	6.1
Kinnersani（印度）	61.8		1965	1965	1969.4	5.3
齐尔克依（苏联）	233	27.8	1974.7		1974.12	5.1
Marathon（希腊）	63	0.4	1929.10	1931	1938	5.0
Kremasta（希腊）	165	47.5	1965.7	1965.12	1966.2	6.2
铜街子（中国）	74	3	1992.4	1992.4	1994.12	5.5
Monteynard（法国）	155	2.75	1962.4	1963.4	1963.4	5.0
Bajina Basta（南斯拉夫）	89	3.4	1967.6	1967.7	1967.7	5.0
Kariba（赞比亚）	123	1750	1958.12	1959.6	1963.9	6.1
Aswan（埃及）	111	1640	1968		1981.11	5.6
Oriville（美国）	235	4.4	1967.11		1975.8	5.5
Volia Grande（巴西）	56	23	1973		1973	5.0

2. 深井地震

20世纪60年代中期，美国丹佛一口处理废液的3671 m深井，注液后发生了3次5级以上的地震。这引起社会的关注和思考，人类是应该停止大型工程来改变大自然，还是应该解决和改进自然界在变化中出现的新问题？

地球上每年记录到的天然地震每年超过百万次，绝大部分是对人类生存无害的小地震。人类活动引发的地震，也多属于中小地震。所以，我们要做的是——宽容小地震，预防大地震，这个思路应该也是继续建造大型工程时的基本思路。

3.4　地震波——地下明灯

人类无法直接观察地球内部，地震作为地球内部的一种震动，发生的时候会产生一系列波动即地震波，地震波是目前我们所知道的唯一一种能够穿透地球内部的波。今天我们关于地球内部的知识基本来自地震波（图3.25）。

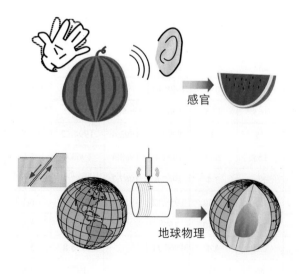

图3.25　挑选西瓜和地震学家的工作

人们挑选西瓜都有个经验，用手拍打西瓜听听声音便可以判断西瓜的成熟情况，这是因为拍打西瓜的波动带回了西瓜内部的信息。地震学家的工作和拍西瓜很相似，利用地震时发出的地震波，通过记录和"倾听"这些穿透地球内部的地震波信号，来判断地球内部的结构和状态地震学家研究地球内部和医生研究人体内部情况相似，都利用了穿透物体的波动（地震波、超声波和电磁波），地震成像和医学 CT、B 超技术的原理相同，但在应用技术方面，医学发展得更快。有意思的是，许多医疗器械专家都出身地震学家。

地震在地球内部会产生多种波动：P 波（Primary wave）、S 波（Secondary wave）和表面波等。P 波是跑得最快的波，它可以在固体、液体和气体中传播。空气中的声波就是 P 波，质点沿着波的传播方向做压缩和拉伸运动。S 波跑得比 P 波慢，它只能在固体传播。在 S 波传播时，质点的运动方向与传播方向互相垂直，介质中产生剪切应力。由于流体不能产生剪切应力，因此 S 波不能在液体和气体中传播。

1976 年唐山地震时，笔者（陈颙）在北京首先感到了强烈的震动（P 波），开始数数，"一、二、三……"随后地面震动开始变小了，当数到第二十的时候，感到了比第一次更厉害的震动（S 波），这短短的 20 秒钟间隔就是纵波和横波到达的时间差。地面附近 P 波速度为 6 km/s，S 波速度为 3.5 km/s，传播到 L 远处的时间差 T 为

$$T = L/3.5 - L/6 = L/8,$$

即

$$L = 8T$$

以上公式表明，若 P 波和 S 波的时间差为 1 秒钟，表明约 8 km 远处发生了地震，20 秒钟则说明这次地震事件发生在约 160 km 处。由此可以判断：地震不在北京，而在距离北京 160 km 的地方有大地震发生了。这和雷雨闪电的原理是一样的：闪电（电磁波）跑得快（如 P 波跑得快），雷声（如 S 波跑得慢）跑得慢，我们先看见闪光（感到 P 波震动），后听见雷声（感到 S 波震动），闪光和雷声之间的时间差，就表示发出闪光和雷电的云层与我们之间的距离。

天然地震产生的地震波和地下核爆炸的地震波十分不同。根据这种不同，不仅可以将两者区分开来，而且可以给出地下核爆炸发生的时刻、位置和当量等。截至 2000 年 11 月，已经有 160 个国家正式签署了全面禁止核试验条约（CTBT），条约的核心技术就是地震波监测（图 3.26）。

离你 50 ~ 200 km 的地方发生地震，人会感到两次明显的震动，根据两次震动的时间差，可以判断地震离你有多远吗？

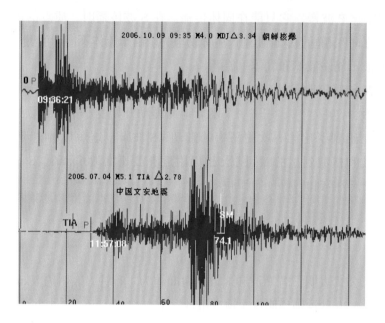

图 3.26　地震波监测（来源：ISC Report, 2008, London）

（上）地下爆炸产生的地震波（2006 年 10 月 9 日朝鲜核爆，释放的地震波能量相当于 4 级天然地震），其记录特征是"大头小尾"；（下）天然地震产生的地震波（中国河北文安，5.1 级），它的特征是"小头大尾"。利用记录到的地震波的特点，可以区分地下核爆炸和天然地震

　　人类生活在地面，探测近地表地下结构十分重要。过去一个世纪以来，用人工方法产生地震波（人工震源）技术有了很大的进步，发展利用人工地震进行地下勘探的新技术，具有天然地震无法达到的成像精度和分辨率，所以在石油和其他矿产资源勘探中，用地震波进行勘探是最主要和最有效的方法（图 3.27）。

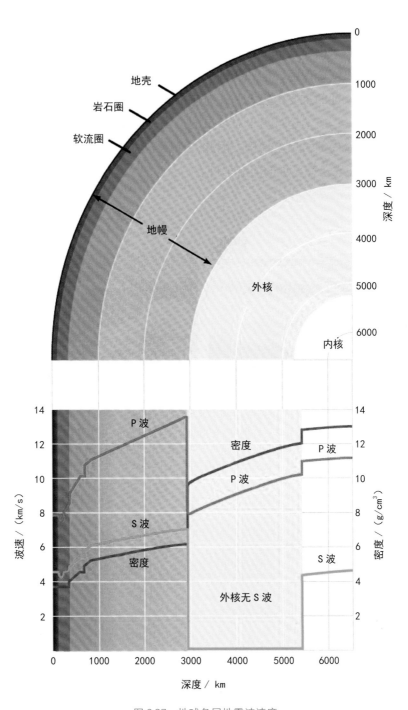

图 3.27 地球各层地震波速度

利用地震产生的波动，人们可以知道地球分为地壳、地幔和地核，地核又包括一个液态的外核和一个固态的内核。人们对地球内部的认识，都来源于天然地震的资料和数据其实，地震波的应用还远不止以上这些（图3.28）。例如，目前用地震的方法预测火山喷发取得了很大的进步；对水库诱发地震的研究可以为大型水库提供安全保障，例如我国的三峡工程，库区地震灾害的研究就是工程可行性论证的重要内容之一；对矿山地震的监测是保护矿山安全的重要手段之一；地震学还可用于对行星的探测，通过对行星自由振荡的研究可以揭示行星内部大尺度结构。因此，地震学这门古老的学科，不断获得活力，成为正在迅速发展的前沿学科之一。

图 3.28　利用地震波进行勘探

利用一台汽车的震动作为人工震源，产生向下传播的地震波，从地下岩层反射回来的地震波，被另一台部署的地震仪器接收，经过数据处理，就可以得到地下岩层的结构。该方法广泛用于资源能源探测、地下空间利用等许多领域

第四章

火 山

地球不是太阳系中一块死气沉沉的石头，而是充满活力的星体，地球内部像个巨大的锅炉，不停地从内部给地球加热，地球活动的一种表现形式就是火山喷发。

4.1 喷 火 的 山

火山虽然叫"火山"，其实是没有火的。火山喷发不是山在燃烧，而是高热的岩浆从地下涌出来造成的。岩浆冲出地面的时候，温度很高，像火一样红，夜间还能映红烟云，辉煌夺目，于是人们以为看到了熊熊的火光腾空而起，这就是火山喷发（图 4.1）。

图 4.1 印度尼西亚苏门答腊岛锡纳朋火山 2014 年
　　　的一次喷发（来源：Unsplash）
远远看去，山体仿佛在着火，实际是炙热的岩浆在发光

火山（volcano）一词源于意大利西南部一岛屿武尔卡诺岛（Vulcano），意思为锻冶之神的烟囱。火山按活动的情况可以分成3类：

（1）活火山（active volcano），指现在还有喷发能力的火山（火山醒了）。

（2）死火山（extinct volcano），指史前曾发生过喷发，但有人类历史以来一直未活动的火山（火山死了）。

（3）休眠火山（dormant volcano），有史以来曾经喷发过，但长期处于静止状态的火山。没有喷发活动的活火山也称休眠火山（火山睡了）。

这种火山分类是一种模糊的分类，火山的"活"或"死"是相对的。有一些几万年来没有喷发过的"死"火山，也会重新喷发，变成"活"火山（图4.2）。

图 4.2　日本富士山地质图（来源：日本地质调查局）

火山大多是孤立的圆锥形的。日本富士山具有典型的圆锥形外貌，海拔3776 m。最后一次喷发是在1707年（日本宝永四年），当时喷发的浓烟到达了10 km的平流层，在当时的江户（即现在的东京）落下的火山灰有4 cm厚。富士山附近现在仍不断观测到许多小地震活动，今后仍存在喷发的可能性

和一般连绵不断的山脉形状不同,火山大多呈孤立的圆锥形,它是由火山喷发时喷出的熔岩、火山灰和碎石落下后堆积而成的。

火山中心有火山口,它的下面有岩浆囊。火山口是地球深部熔化的岩石和高温气体喷出地面的出口,呈近圆形,上大下小,像漏斗的形状。火山颈是熔化岩浆喷出的通道,喷发停止后,火山颈被岩浆冷凝物所充填。喷出的火山物质落到地面冷却后就形成了火山锥(图 4.3 ~图 4.6)。

火山喷发按其猛烈程度可分为非爆发性和爆发性两种。若火山熔岩的黏稠度不高(岩浆 SiO_2 含量少,如玄武岩),溶解气体很容易从岩浆中跑出去,岩浆一边上升,气体一边释放,快到达地面时,气体也几乎跑完了,岩浆就静静地从火山口向四周流出,喷发相对较宁静,形成的火山形状多为圆锥形。若岩浆黏滞性较大(SiO_2 含量高,如流纹岩和安山岩),当岩浆向地面运动时,

火山锥

火山口

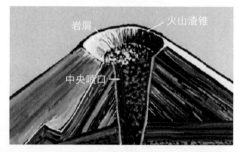

岩屑　　火山渣锥

中央喷口

火山颈

图 4.3　火山由火山锥、火山口、火山颈组成

溶解气体很难从岩浆中跑出去,含气泡的岩浆变成了含岩浆的气泡。在岩浆出露地面的瞬间,气泡内的高压迅速膨胀,使得气体的流速骤增,含岩浆气体以大气柱形式率先冲出地面,从而产生爆发性的猛烈喷发,岩浆、气体、岩石碎块和火山灰等以接近声速喷上天空,形成的火山口多偏离圆锥形,也被称作破火山口(图 4.7)。

在火山猛烈喷发,气体从岩浆中跑出去的过程中,岩浆也迅速冷却,

图 4.4 位于萨尔瓦多（Salvador）的圣安娜（Santa Ana）火山口（来源：Pixabay）

大量物质由火山口喷发出来后，火山口下方物质亏损，发生塌陷，喷发结束后，火山口形成巨大的
漏斗。长年积水后，形成火山口湖

图 4.5 埃塞俄比亚的尔塔阿雷（Erta Ale）火山（来源：Unsplash）

火山口中仍有熔岩，是世界最壮观的熔岩湖之一

图 4.6　美国怀俄明州大平原区恶魔塔（来源：Pixabay）

这原本是一座火山颈，1500 万年前喷发后火山颈中充满了冷却凝固的火成岩，当时火山颈露出地表仅很少的高度，但因火成岩强度高，而周围的火山灰强度低，时间长了被剥蚀掉，只留下了残留的火山颈。火山颈现在高达 264 m，直径约 300 m，恶魔塔由许多垂向的形状一致的岩柱组成

形成了一种多孔的岩石，叫作浮石（也称泡沫岩，pumice，图 4.8）。由于泡沫岩的孔洞太多，所以密度很小，比水还小，放在水里可以飘起来。在一个喷发过的火山附近，能否找到泡沫岩，就可以知道火山喷发的猛烈程度。

　　综上，判断火山喷发的猛烈程度有两种方法。一是看火山的形状，火山呈圆锥形，说明火山是非爆发性喷发；二是看在火山附近能否找到泡沫岩，如果可以找到，则说明火山是爆发性喷发。

450 m

斯必利特湖

图 4.7 美国圣海伦斯火山高度变化示意图

1980 年美国圣海伦斯（St. Hlens）火山原高 2949.5 m，喷发过程使火山口下降了 450 m，属于爆炸性喷发，原来的火山锥被破坏，这时形成的火山口会偏离圆锥形，也称作破火山口

图 4.8 中国长白山泡沫岩

泡沫岩（浮石）是一种很轻的多孔火成岩，它形成于火山猛烈喷发过程中。在一个喷发过的火山附近，能否找到泡沫岩，就可以知道火山喷发是否猛烈

单位刻度：cm

4.1.1
火山喷出的物质

火山喷发通常是一系列复杂的相互作用过程的最终产物：地球内部的岩石熔化形成岩浆，岩浆存储并发生演化，岩浆穿过地壳上升，以及岩浆在喷发时破碎（图4.9）。火山喷出的物质主要有3种：熔岩流（冷却后生成的火成岩）、火山碎屑流和火山灰。

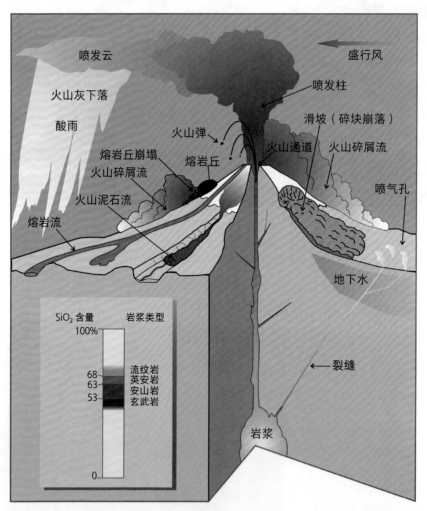

图 4.9　火山活动中物质和能量的传输（来源：美国国家研究理事会，2014）

火山活动将物质和能量传输到地表，从而产生火山灾害，现代火山学的目标是量化并理解这些过程及其相互作用

熔岩流的流动性与岩浆的成分有关，二氧化硅（SiO_2）含量低（硅酸低），岩浆容易流动，因为 SiO_2 的分子键较为牢固。玄武岩 SiO_2 含量低，最容易流动。在地面上看到的 80% 的火山喷发形成的岩石都是玄武岩，玄武岩在火成岩分类中属于喷出岩（extrusive rock）。而 SiO_2 含量高的花岗岩，不容易流动，在未到达地面时就冷凝了，这类岩石在火成岩分类中属于侵入岩（intrusive rock），火成岩的分类见表 4.1。

表 4.1 火成岩的主要类型

岩浆中 SiO_2 含量	火成岩的类型	
	侵入岩	喷出岩
SiO_2 含量 <55%	辉长岩	玄武岩（锥形火山口）
SiO_2 含量 =55%～65%	闪长岩	安山岩
SiO_2 含量 >65%	花岗岩	流纹岩（破火山口）

熔岩流的温度很高，在不同时间、不同地点观测，颜色有许多变化（表 4.2，图 4.10～图 4.12）。

表 4.2 熔岩温度

岩浆颜色	温度
白色	≥ 1150℃
金黄	1090℃
橙	900℃
鲜红	700℃
暗红	600℃

火山碎屑流（pyroclastic flow）指火山喷出的挟有大量未经分选（有大也有小）的碎屑物的高速气流，它们炽热发光并沿火山山坡流动，常紧贴地面横扫而过。它能击碎和烧毁在它流经路径上的任何生命和财物。火山碎屑在冷凝胶结后，亦可形成岩石，叫作凝灰岩（tuff）。

几乎所有的火山喷发时都会产生火山灰，熔融状态的岩浆在巨大压力作用下，由火山口喷出形成岩浆雾，岩浆雾凝固成的细小颗粒就形成火山灰，即火山灰是由岩浆的雾化作用形成的（图 4.13）。质地疏松的火山灰有利于农作物的生长。

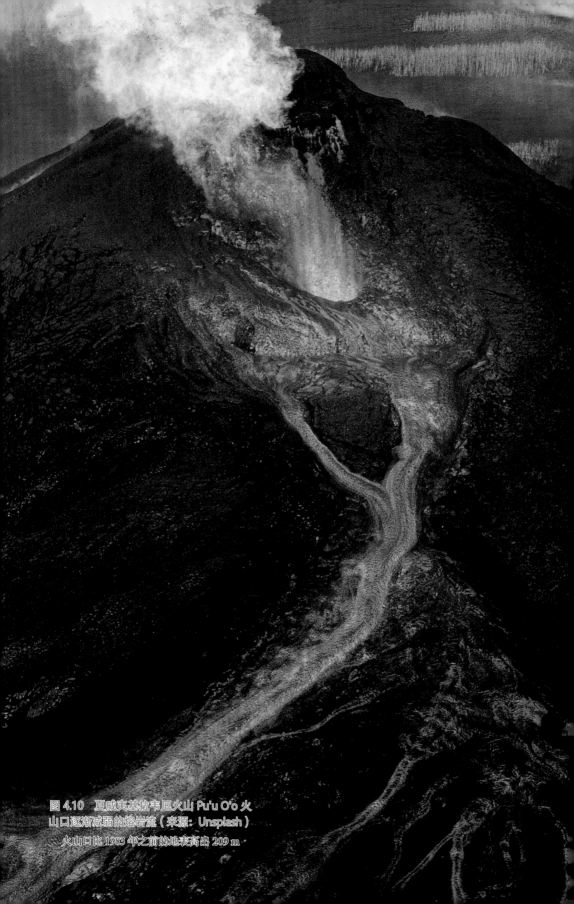

图 4.10　夏威夷基拉韦厄火山 Pu'u O'o 火
山口逐渐减弱的熔岩流（来源：Unsplash）
火山口比 1983 年之前的地表高出 209 m

图 4.11 地质学家采集熔岩样本以测试化学成分（上），火山学家测试熔岩的流动速度（下）（来源：USGS）

图 4.12 夏威夷火山周围固结后的结壳熔岩流（来源：Pixabay）

大多数喷发的物质会落在火山口的附近，形成圆锥状的火山，细小的火山灰可以被风吹到火山口附近几十千米的地方。极微小的火山喷出的粉尘能够进入大气层，甚至可以随着对流风飞到全世界的每个地方（图4.13）。

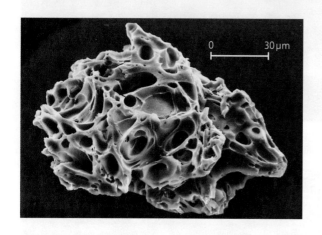

图 4.13　1980 年圣海伦斯火山喷发的火山灰颗粒在电子显微镜下（SEM）放大 200 倍后的形状

4.1.2
火山的大小

人们在比较火山大小的时候，并不按照高度或面积来给火山排序。既然火山最大的特点是喷发，就应该用火山喷出的岩浆或火山灰的多少来衡量。中等的火山有 1980 年美国圣海伦斯火山，喷出了 $1\ km^3$ 的岩浆。略大的是 1991 年菲律宾皮纳图博（Pinatubo）火山，喷出了约 $10\ km^3$ 的岩浆（图4.14）。历史有记载最大的是 1815 年印度尼西亚的坦博拉（Tambora）火山，喷出了超过 $100\ km^3$ 的岩浆，火山被削掉 1000 m，同时下陷以填充空出的岩浆房，形成了一个直径 7 km、深 1.3 km 的破火山口。地质史上，60 万年前美国的黄石火山喷出了 $1000\ km^3$ 的岩浆，喷发的能量相当于几百万颗原子弹。

火山喷发指数（Volcanic Explosivity Index，VEI）以喷出物体积、火山云等定量观测指标来度量火山大小。火山喷发指数通常以喷出物质的数量（以体积为单位）为基数划分，喷发量越大，喷发规模也就越大，喷发指数也就越高。VEI 通常分 8 级，喷发量达到或超过 $1000\ km^3$ 为 8 级、$100\ km^3$ 为 7 级、$10\ km^3$ 为 6 级……$10^{-3}\ km^3$ 为 2 级等（图4.14）。

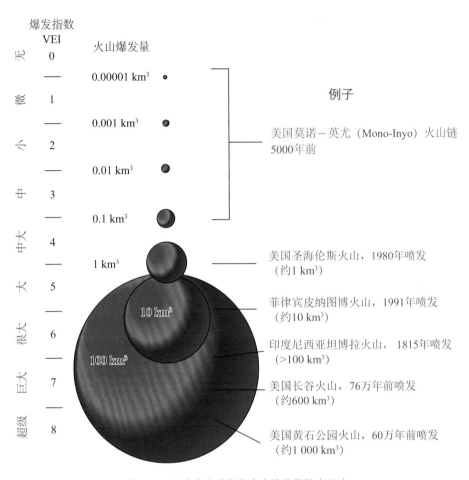

图 4.14 几次火山喷发的火山喷发指数（VEI）

🌐 4.2 岩石圈的裂缝和破洞

4.2.1
岩浆如何形成

　　火山喷出的岩浆是从哪里来的？人们自然的想法是，地球深部是岩浆，通过岩石圈的缝隙喷出地面，这不就是火山的成因吗？但其实事情远不是这么简单。地球表面的岩石圈厚度可达几百千米，经过这样长的喷出路径，来自地下几百千米的岩浆早已冷却了，又如何能喷出地面呢？正确的答案是：除少数深部岩浆可通过地幔柱上升到地面附近外，岩浆多是由岩石圈中固体的岩石熔化后转化而来的。

岩石圈的岩石是固态还是液态（岩浆），取决于它所处环境的压力和温度。固态岩石转化为岩浆，有 3 种方式（图 4.15）：

（1）减压，岩石所受的压力减少，由固态向液态转化（A→B）。

（2）增加挥发分（岩浆中所含的水、二氧化碳、氟、氯、硼、硫等易于挥发的组分），水和其他挥发性物质进入岩石，降低了岩石的熔点，使岩石由固态向液态转化。

（3）增温，岩石所受温度的增加，由固态向液态转化（A→C）。

"减压"作用指的是地幔岩石沿大洋中脊上涌时由于压力的减少岩石变成了岩浆的过程。大洋中脊是典型的板块离散边界（参见第一章），是海底扩张的中心。这种火山岩浆的溢出大多是连续的，是非爆发性的火山喷发（图 4.16）。

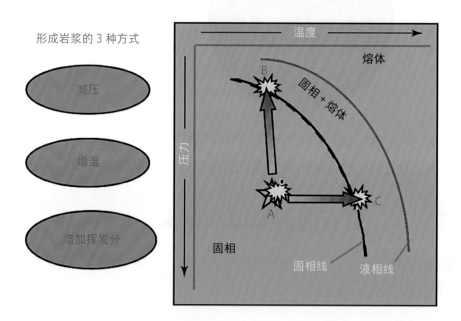

图 4.15　形成岩浆的 3 种方式

岩石是固态还是液态（岩浆），取决于它所处环境的压力和温度。红线右上方代表液态熔体，黑线左下方代表固态，两线之间表示过渡状态，岩石所处的温度和压力用星号表示。图中 A 点物体处于固态，若 A 点的压力减小，物体可能由固态变为液态 B；若 A 点的温度增加，也可能使其变为液态 C

图 4.16　岩浆的形成过程

岩浆的形成源于压力降低导致岩石熔点降低。大洋中脊炽热的固体岩石上升时，压力减小，形成的液态岩浆沿发散边界流出，形成新的海底火成岩。由于这种岩浆的流动是缓慢而连续的，很少形成火山爆发性喷发

4.2.2
岩石圈的裂缝——板块边界

　　第 2 种岩浆形成的方式，是岩石中的挥发成分的增加。水是最常见的挥发成分，如果有外来水的加入，岩石的熔点就会降低，使岩石由固态向液态转化（图 4.17）。

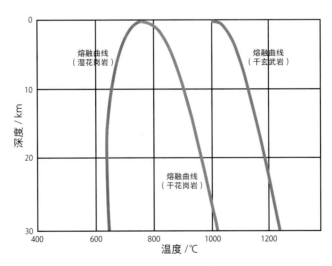

图 4.17　岩石的熔融曲线

每种岩石都有自己的熔融曲线。在熔融曲线的左方，岩石以固相存在；在曲线的右方，同一种岩石以熔体存在。图中花岗岩的熔融曲线有两条，红线为含水花岗岩的熔融曲线，紫线为干燥花岗岩的熔融曲线。如果在某一深度，花岗岩的温度在干和湿两条曲线之间，对于干花岗岩是处于固相，对于湿花岗岩则是处于液相。因此，在干燥的花岗岩中加一点水分（岩石的脱水作用），温度和湿度保持不变的情况下，花岗岩会由固态变为液态。"增加挥发分"作用主要发生在板块的汇聚边界。俯冲的海洋板块随着温度增高（地表以下 200 km 处的温度大约 1500℃），岩石发生脱水，水使大陆板块岩石熔融产生岩浆，这些岩浆顺着地下岩石裂缝，或在上升过程中未到达地表而凝固形成深成侵入岩，或找到通达地表的途径后喷出地表形成火山，俯冲带邻海一面出现海沟，背海一面出现火山弧（图 4.18，图 4.19）

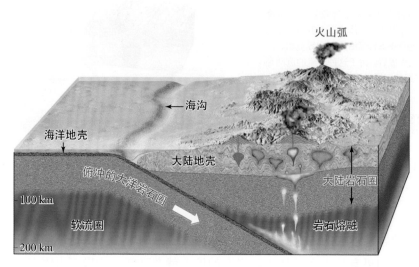

图 4.18　板块汇聚边界

在板块的汇聚边界带，向下俯冲的海洋板块在一定深度发生脱水，水进入其上的大陆板块的岩石中，降低了熔点，熔化后形成岩浆，大陆在平行海沟方向形成一串火山弧

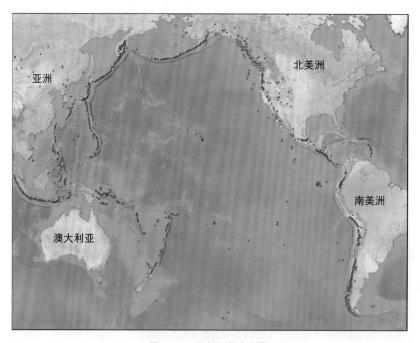

图 4.19　环太平洋火山带

板块汇聚边界带环绕太平洋，因此环太平洋周围集中了世界大部分活火山。环太平洋地区，也被人们称作地球的火圈（ring of fire）

在软流圈，有一些已经非常热的岩石熔融，可以流动，但却没有完全熔融，这些岩石就构成了产生岩浆的岩石源泉。上升过程中，熔化过程是逐步完成的，经历了部分熔融—全部熔融的过程。"减压"、"增加挥发成分"都可以产生地下的岩浆，但岩浆形成后，出露地面的方式大有不同。"增加挥发成分"多引起大陆沿海地区的火山爆发式喷发，而"减压"主要在大洋中脊产生火山，多是连续的、长期的、缓慢的，很少形成爆发式喷发。

4.2.3
岩石圈的破洞——地幔柱

第 3 种岩浆形成的方式是增温，即岩石随着其所受温度的增加，由固态向液态转化。岩石圈基本上是个封闭的圈层，其下是可以流动的岩浆，其上则是固态的岩石圈。但岩石圈也有一些破洞，下面的岩浆可以钻过这些破洞向上进入到地面附近。1972 年，摩根把这种从软流圈下面涌起并穿透岩石圈而成的岩浆柱状体称为地幔柱（地幔热柱），地幔柱岩浆在地表或洋底出露的地点叫作地幔柱的"热点"（图 4.20）。地球上的地幔柱不

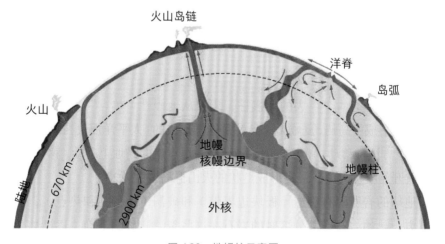

图 4.20　地幔柱示意图

地幔柱估计至少来自 700 km 或更深处，直径在 100～250 km 左右，地幔柱在地表或洋底出露时就表现为热点。全球热点大多位于海洋，少数在板块内部

是固定不变的，也有生成、发展和退化的过程。现已查明，过去 1000 万年，地球上活动过的地幔柱热点多达上百个，其中许多退化了，不再成为热点，但过去它们活动时造就的火山，留下了它们的足迹（图 4.21，图 4.22）。

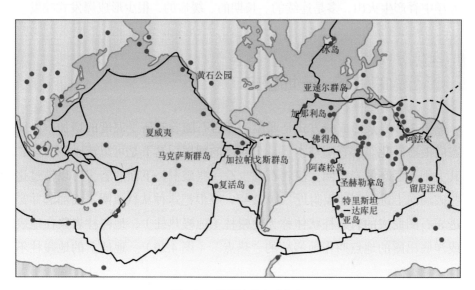

图 4.21　地幔柱的全球分布

地幔柱的数量和分布是随时间不断变化的，地质学的证据表明，过去 1000 万年，地球上有许多热点，如图上红点所示。许多历史上的热点，现在已经退化，目前仍在活动的热点约有 20 个，陆上较少，约 5 个。请注意，美洲大陆的黄石公园热点，中国大陆的许多热点，都是众多火山所在的地点，这些火山是过去热点活动的足迹

太平洋中有一个巨大的地幔柱，岩浆从地幔柱"热点"喷发出来，露出水面就形成了岛屿，夏威夷群岛就是这样形成的。太平洋板块在夏威夷"热点"的上方缓慢移动，就好像是一张纸在一根点燃的蜡烛上移动，移到哪里，哪里就开始喷发火山，最终形成链状的火山群岛（图 4.23）。

地球的岩石圈有裂缝（板块边界带）和破洞（地幔柱和热点），岩石圈下方炽热的岩石或部分熔融的岩石在这些裂缝和破洞下面，逐渐熔化为岩浆，再从这些裂缝和破洞喷出地面（爆发式）或海底（非爆发式），这就是火山。

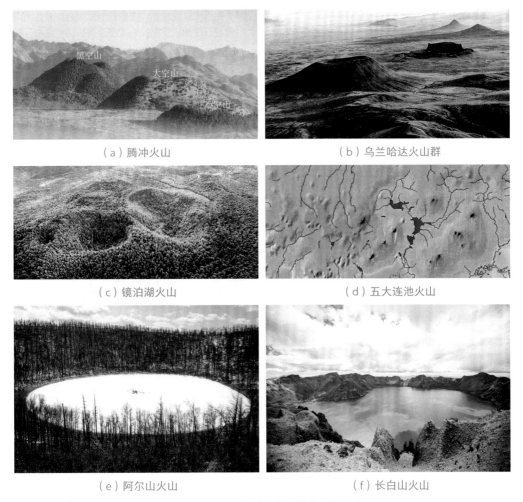

（a）腾冲火山　　　　　　　　　　　（b）乌兰哈达火山群

（c）镜泊湖火山　　　　　　　　　　（d）五大连池火山

（e）阿尔山火山　　　　　　　　　　（f）长白山火山

图 4.22　和中国大陆热点有关的一些火山

（a）腾冲火山：位于云南省保山市，是我国保存完好、比较典型的休眠火山群，共有火山 97 座，其中火山口保存较完整的达 23 座。（b）乌兰哈达火山群：位于内蒙古中部察哈尔右翼后旗乌兰哈达一带，在全新世（距今 1 万年）有过喷发（来源：中国国家地理）。（c）镜泊湖火山：位于黑龙江镜泊湖西北约 50 千米，在大约 1 万年前的喷发中，形成了如今看到的十几个大小不一的火山口（来源：https://i.ifeng.com/c/8ARIzpPO0ws）。（d）五大连池火山：位于黑龙江北部的五大连池镇，是我国著名的国家级地质公园，有世界上保存最完整、最典型、时代最新的火山群，被誉为"中国火山博物馆"，其中 12 座喷发时间在 1200 万年至 100 万年前，另外 2 座喷发的时间距今非常近，喷发于 1719～1721 年（来源：中国地震局火山研究中心）。（e）阿尔山火山：位于大兴安岭西南山麓，图中地质学家正在月亮天池的湖心打钻取样（来源：刘强供图）。（f）长白山火山：最近一次喷发是在 1702 年，距今有 300 多年，虽然目前处于休眠期，但在海拔两千多米的山上，有多处温泉不断从地下溢出，说明地下孕育着巨大的能量（来源：Pixabay）

夏威夷群岛

可爱岛

欧胡岛

檀香山 摩洛凯岛

拉奈岛 茂宜岛

科纳 希洛

夏威夷大岛 火山喷发区域

图4.23 太平洋中的地幔柱（来源：IODP）

太平洋的地幔柱是一个从地球深部向地球浅部生长的巨大岩浆柱体，它们的温度很高，对其上部的岩石加热，地幔柱在太平洋海底的"热点"喷出岩浆，生成海底火山岛。对地球来说，地幔柱是不动的，运动的太平洋板块从地幔柱的"热点"上方经过并继续移动。因此在海底岩石圈移动中，海底会形成线状排列的一串岛。有人把热点比喻成吸烟斗，吸一口烟时，烟头总会红一下，这个过程就像地球吸一口气，海底就出现一个火山岛，夏威夷群岛就是实例

南太平洋路易斯维尔海山链

IODP330 航次

4.3 火山醒了（灾害）

火山不是天天都在喷发，往往沉睡多年，一旦醒来，就会造成灾害。

4.3.1
公元 79 年意大利维苏威火山喷发

公元 79 年 8 月 24 日，维苏威火山突然爆发。维苏威山坡和火山口郁郁葱葱的植被长势喜人，人们一直认为它是一个死火山，谁都没有想到它会突然喷发。火山大爆发产生了巨大的火山碎屑流，一瞬间就把庞贝城埋到地下（图 4.24），造成约 2000 人死亡，占当时全城人口的 1/10。直到 1748 年，人们才发现了这座古城的一段外城墙，现代考古工作随后展开，古城风貌得以重见天日。

图 4.24 庞贝古城遗址发掘现场

公元 79 年，维苏威火山的爆发瞬间将庞贝城在时空中掩埋和凝固，导致庞贝城不到一分钟就湮灭在历史中。到 17 世纪，庞贝城才被发现，挖掘时，从固化的火山灰中，人们用灌入石膏的方法恢复了遇难者的死亡状态，城中居民的尸体大部分也保存得很完整，目前城市的大部分仍在地下

4.3.2
1815 年印度尼西亚坦博拉火山喷发

1815 年 4 月 15 日，印度尼西亚坦博拉火山喷发（图 4.25），火山喷发指数（VEI）为 7，喷射出的 1400 亿 t 岩浆，导致约 71 000 人遇难。火山顶部失去了 700 亿 t 山体，相当于二百多个三峡大坝的土石方挖填量（1.34 亿 m^3）。喷出的火山灰总体积多达 150 km^3，在距火山 400 km 的地方，火山灰仍

图 4.25　印度尼西亚坦博拉火山爆发导致
的"无夏之年"

1815 年印度尼西亚坦博拉火山爆发，这是人
类历史上最大规模的火山爆发之一，火山灰抵
达高至 44 km 的平流层，笼罩着大半个地球达
一年之久，大半个地球长期不见太阳，全球气
温下降 0.4 ～ 0.8℃，1816 年在历史上也被称
为无夏之年（year without a summer）

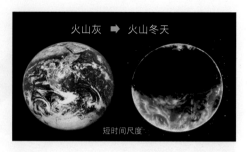

有 22 cm 厚。受火山喷发影响，大半个地球长期不见太阳，全球气温下降，在中国造成了嘉庆云南大饥荒（1815 ～ 1817 年），中国东部广大地区还出现了一些极端低温事件。

4.3.3
1980 年美国圣海伦斯火山喷发

1980 年 3 月 27 日，圣海伦斯火山在沉睡了一个多世纪后（1857 年爆发过）苏醒过来，并在其后发生了多次剧烈的大爆发（图 4.26，图 4.27）。喷出的火山烟云高达 20 000 m 高空，山头被削去 450 m，降落的火山灰约 60 万 t，殃及美国 6 个州。融化的雪水和火山灰、沙石混在一起，汇成沸腾的泥浆，顺山谷而下，时速达 80 km/h，横扫一切房屋、桥梁。这次喷发造成了约 5000 km 公路瘫痪，火山附近的机场、商店和学校被迫关闭，经济损失达到了 12 亿美元。

4.3.4
1991 年菲律宾皮纳图博火山喷发

1991 年 6 月 15 日，菲律宾距首都马尼拉 100 km 的皮纳图博火山喷发（图 4.28）。这是 20 世纪第二大火山喷发，也是迄今为止发生在人口密集地区的最大的火山喷发。

图 4.26　1980 年 5 月 18 日的圣海伦斯火山喷发
（来源：USGS）
这次喷发使得圣海伦斯火山山头崩塌了 400 m，使
很多人能够在有生之年目睹它的巨大变化

图 4.27　美国圣海伦斯火山 2004 年再次爆发（来源：John Pallister/USGS）

图 4.28　1991 年菲律宾皮纳图博火山喷发
（来源：https://www.esa.int/ESA_Multimedia/Images/2003/12/Active_vulcano）

火山口处迅速喷出的热而致命的火山灰云，冲到了十几千米的高空。卫星监测表明，高空的火山灰和有害气体扩散到全世界，绕地球转了好几圈，使全球全年平均气温下降 0.5℃。此次火山喷发对全球的影响至少持续了 5 年，因喷发正值台风季节，巨量的火山泥石流从火山口流出，覆盖范围可达几十千米。喷出的熔岩流，摧毁了途经路上的所有树木、房屋和植被

4.4 火山睡了（好处）

4.4.1 旅游

地球上最壮观的景象莫过于火山喷发了，巨大的火柱直冲云霄，充分展现了自然的猛烈与狂暴，同时也彰显出其无与伦比的美丽。火山附近有大量的温泉，也是重要的旅游资源。世界上很多著名的风景区是火山区（图 4.29～图 4.31）。

温泉是火山区的旅游景点中最吸引人的项目。火山周围地热丰富，容易形成温泉、间歇泉和泥浆池。地下洞穴中的水被加热到沸腾，变成蒸汽，洞穴中压力积累到一定程度，蒸汽就高高地喷发出来。洞穴压力降低后，再准备下一次喷发。美国黄石公园的"老实泉"，每小时喷发一次，从不误点。

图 4.29　日本富士山（来源：Pixabay）

富士山是日本最著名的旅游胜地，隶属太平洋西缘的火山链之一。作为日本第一高山，富士山是日本象征，是国家的神圣中心，许多人把攀登此地视为一种宗教体验。富士吉田火祭于每年8月底举行，是富士山旅游旺季中的高潮活动

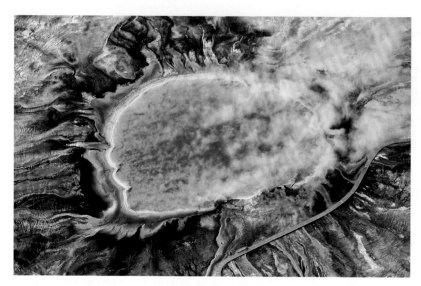

图 4.30　美国黄石公园大棱镜温泉（来源：Pixabay）

历史上喷发规模最大的火山是黄石公园，它在 60 万年前喷出了 1000 km² 的物质，火山喷发指数为 8，属于最高级别。1872 年 3 月 1 日，黄石公园被正式命名为保护野生动物和自然资源的国家公园，并于 1978 年被列入世界自然遗产名录。这是世界上第一个也是最大的国家公园，每年全世界超过百万游客来此参观游览

图 4.31　冰岛的火山喷发（来源：Svienn Eirikksen, https://volcano.oregonstate. edu/news/volcano-vs-man-tale-eldfell）

冰岛位于大西洋洋中脊的北端，岩浆从大洋中脊向两边扩展，岩浆充足，扩展速度较快，从而形成一个露出海平面的岛。图为 1973 年冰岛的火山喷发，夜晚看到此景，一定会给游客留下深刻的印象

图 4.32　云南腾冲大滚锅温泉
（来源：https://zh.m.wikipedia.org/zh-hans/云南腾冲火山地热国家地质公园）
当明代旅行家徐霞客看到云南腾冲火山群中的"大滚锅温泉"时，他写道："水与气从中喷出，风水交迫，喷若发机，声如吼虎，其离数尺，坠涧下流，犹热若探汤"

中国云南腾冲火山群是我国火山锥、火山口、火山湖保存最完整、最壮观的火山群。据不完全统计，在腾冲众多火山锥中，喷口保存完好，具有观赏价值的火山锥有 23 座。腾冲地热资源丰富，地下 7～25 km 处未完全冷凝的岩浆囊，为上部含水地层提供了源源不断的热量（图 4.32）。从中新世到更新世的二千多万年地质历史中，中国的火山喷发，尤其在东北地区，并不亚于日本。在人类文明时代，中国火山活动程度相对较低，大规模的喷发次数较少，在地壳运动方面呈现出"地震剧烈、火山微弱"的特点，多数火山都处于长期休眠或"熄火"的状态。

4.4.2
农业资源

　　火山可以给人类创造一些土地资源，像夏威夷群岛和冰岛都是火山喷发形成的，太平洋中的许多岛屿也基本如此。

　　火山喷出的火山灰使土壤肥沃，形成了重要的农业区。在意大利的西西里岛，埃特纳火山的低坡带早已被垦殖了几千年，是重要的农业支柱。在印度尼西亚的爪哇岛，虽然人口密度达到了平均每平方千米近 800 人，但风化的火山土壤形成的肥沃土地却可以使这个地球上人口密度最高的地区免受饥荒。火山灰是一种难得的天然肥料，如古巴、哥伦比亚、印度尼西亚的甘糖和咖啡，韩国济州岛和意大利威苏威的柑橘，日本火山地区的桑葚以及中美洲的很多水果，都与肥沃的火山土壤有关。

　　以葡萄酒为例，来说明火山给农业带来的好处。传统葡萄酒生产国在欧洲（法国、意大利、西班牙、葡萄牙、德国、奥地利等），这些国家有着几百年的葡萄酒酿造历史（图 4.33）。它们大多位于北纬 20°～52°，拥有十分适合种植酿酒葡萄的气候条件（冬暖夏凉、雨季集中于冬春、夏秋干燥）。欧洲葡萄酒生产方式以人工作业为主，讲究小产区、穗选甚至粒选，讲究葡萄的年份差异。因此尽管欧洲葡萄酒的质量上乘，但产量较小。

　　随着对葡萄酒需求的增加，出现了一批新兴的葡萄酒生产国，包括南非、美国、智利、阿根廷、澳大利亚、新西兰等。在这些新兴的产酒国，葡萄酒以工业化生产为主，更多地强调科技创新和品质控制，产品之间品质差距不大。

　　有趣的是，新兴葡萄酒的产地，几乎都是火山地区（与纬度关系不大），当你喝葡萄酒的时候，不要忘记火山的作用。

　　为什么火山产地的葡萄酒性价比较高？

图 4.33　西班牙兰萨罗特岛（Lanzarote）上的鱼鳞坑
（来源：Orbon Alija，https://wallpaperhub.app/wallpapers/7573；下图来源：Pixabay）

兰萨罗特岛是西班牙的著名火山岛，位于非洲西北部的大西洋海域中，火山灰覆盖了整个岛屿，当地民众建造了圆形的鱼鳞坑来大力发展葡萄种植业

另外，许多火山喷发物，像长白山产的浮石、火山灰和火山渣，它们也是很好的建筑填充材料，可用来修机场、体育场等，玄武岩则可用作铸石来开发，而铸石纤维是未来的新兴材料。

4.4.3
联系地球内部与表层系统的纽带

火山将地下丰富的物质带到地表，为我们提供了许多矿产资源。目前人们用钻井的方式最深能采集到地下约 12 km 的物质，而火山能将地下 40 ~ 900 km 的物质带上地面。很多矿产资源也跟火山作用有关，有些宝石就是火山喷发形成的，一些金矿、铜矿的形成，跟火山作用也有密切的关系（图 4.34）。

约 2.6 亿年前的二叠纪时期，当时还是一片浅海的峨眉山地区发生过一场规模空前的玄武岩火山喷发。喷发出来的火山物质总体积为 50 万 km^3，喷出的熔岩覆盖了周围 50 万 km^2 的地区，遍布我国整个西南地区。综合近百年的工作，人们得出了初步的结论：亿万年前峨眉山所在的位置，地下有个地幔柱，在地幔柱作用下，形成了峨眉山这个超级火山，附近地区被称作峨眉山火山岩省。四川、贵州、云南等地分布的大量火山岩，就是当时峨眉山玄武岩火山大爆发时喷溅出去的岩浆冷凝形成的。一次火山喷发，就能把岩浆喷到几百千米外的地方，可见这次喷发的规模有多大！好在如今的峨眉山已经不是超级火山了，不然真让人提心吊胆。

攀枝花铁矿位于四川省西南边陲，在峨眉山火山岩省的中心部位，探明储量的钒钛磁铁矿达近百亿吨，其中钒、钛储量分别占全国已探明储量的 87% 和 94.3%，居世界第三位和第一位，攀枝花因此被称为"世界钒钛之都"（图 4.35）。

人们常说"上天容易入地难"，而火山喷发能把深埋在地下几百千米的物质送到地面，让科学家可以轻松获得地球深部的岩石样本。

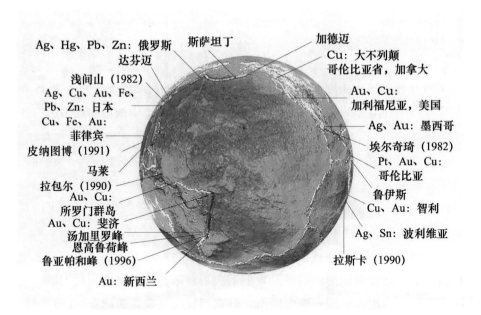

图 4.34 环太平洋火圈与矿产（中生代）（Lamb and Sington, 2001）

在环太平洋火山带，火山从地球深部带来了地球浅部缺少的元素，如 Ag（银）、Hg（汞）、Pb（铅）、Zn（锌）、Cu（铜）、Au（金）、Fe（铁）、Sn（锡）、Pt（铂）

图 4.35 中国四川攀枝花露天矿场

（来源：http://www.csteelnews.com/special/1034/dsf12aa/201908/t20190814_15808.html）

4.4.4
火山喷发的预报

79 年维苏威火山爆发后，人们开始重视火山的科学研究，并于 1845 年在维苏威上建立了观测站，开始对这个曾经埋没了繁华城市的火山进行连续监测。

1978 年，在美国圣海伦斯火山喷发的两年前，两名美国地质调查局的科学家提醒公众：休眠了 4500 年的圣海伦斯，最近期间可能爆发！果然在 1980 年 3 月，伴随着隆隆的声音，圣海伦斯开始间歇性地往外喷发火山灰和蒸汽，熔岩周期性地涌出。

1990 年，科学家发现在菲律宾皮纳图博东北方向 100 km 发生了 7.8 级地震，随后在皮纳图博山附近发生上千次小地震，接着泉水流量大增，二氧化硫气体逸出，根据皮纳图博山大量喷烟冒气现象，菲律宾火山及地震研究所和美国地质调查局的科学家正式发布了火山喷发预报，当地政府立即疏散了处于危险区的约 10 万人，其中包括附近的美国克拉克空军基地的 2 万名军人及其家属，当地所有的飞机飞往远离火山的机场，民航飞机改变航线，避开皮纳图博火山地区。这些有效措施至少挽救了 5000 人的生命，避免了 2.5 亿美元的财产损失。这是人类历史上火山喷发预报取得巨大效果的例子。

火山喷发一般都有前兆。大喷发之前一般先会发生大量的小地震活动。这些前兆对于准确预报火山喷发很有用。但是，千万不要以为火山喷发预报的科学问题已经得到了完全解决。和其他自然灾害的预测预报一样，预测明天的事情对于科学来讲，是一个永恒的挑战。1991 年日本云仙（Unzen）火山出现了喷发前兆，按照过去的经验，科学家判断火山可能在几天后喷发。法国著名的火山学家兼摄影师卡蒂亚（Katia）和莫里斯·克拉夫特（Maurice Krafft）夫妇（他们俩曾给全世界提供过许多扣人心弦的火山喷发的照片和电影录像）很快赶到云仙火山，并带领了一批记者进入到离火山口 3 km 的地方。未曾料到的是，云仙火山中缓慢生长的熔岩穹隆突然破裂成火山碎屑流，一共有 43 人在火山喷发中遇难（图 4.36）。

图 4.36　克拉夫特夫妇的火山之恋

1991 年 6 月 3 日下午，日本云仙火山喷发，克拉夫特夫妇在内的 43 名科学家遇难。
法国导演萨拉·多萨拍摄了一部《火山挚恋》（Fire of Love) 纪录片，展现了科学家的
探索精神，这部电影于 2023 年在国内上映

目前火山活跃的地区多设有火山观测站，最古老的是 1845 年维苏威火山观测站，相对现代的有美国黄石火山观测站、冰岛火山观测站、日本云仙火山观测站、中国长白山火山观测站和中国台湾大屯火山观测站等，火山观测站的主要任务是通过地震观测、火山气体监测、地壳变形监测，发布火山喷发预警，帮助居民撤离。

第五章

海啸

2004 年 12 月 26 日，印度尼西亚苏门答腊附近深海发生 9.0 级地震，地震产生的海啸袭击了整个印度洋周围的海岸带，波及印度尼西亚、斯里兰卡、泰国、印度、马来西亚、孟加拉国、缅甸、马尔代夫等国，遇难者总数两周内超过 30 万人。联合国人道主义事务协调厅表示，这是印度洋地区百年不遇的特大天灾，是联合国救灾史上第一次面对这么多受灾国家，救灾难度史无前例。

🌐 5.1 洋 面 如 镜

"风乍起，吹皱一池春水"，我们都有经验，只要风过水面，或往水里扔一个石子，就会激发水体产生波动，两个波峰之间的距离，就是波长。钱塘观潮，两个潮水之间的距离就是波长。台风来的时候，两个浪之间的距离就是波长。通常，这种波长也就几厘米到几米范围。那么，海啸波的波长呢？

1971 年，美国国家航空航天局（NASA）发射了一颗海洋卫星 Jason-1(贾森 1 号卫星)，它的主要使命就是测量海面高程的变化。2004 年 12 月 26 日，苏门答腊岛近海发生 9 级大地震并引发海啸，在地震海啸产生后 2 小时，这颗卫星恰好沿着 129 轨道由南向北穿过印度洋，海啸波也正好在印度洋传播。测高卫星在天上飞了二十几年，从来没有逮到过海啸，这次刚好测量到了海啸波传播时的海面变化（图 5.1）。

卫星的测量结果显示：海啸的波长为 500 km，海啸波造成的海面高程最大变化约为

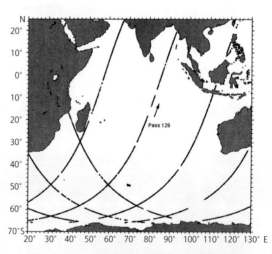

图 5.1 Jason-1 号测高卫星测得的海面变化
（来源：GOWER, 2005）

Jason-1 号测高卫星在地震后 2 小时沿 129 轨道由南向北穿过印度洋，这时海啸波正好在印度洋传播。测高卫星可以测得卫星正下方约 5 km 直径区域的海面高度变化，精度为厘米级。十分难得的是，在这样凑巧的时间和这样凑巧的地点，在海啸波上方运行的 Jason-1 号测高卫星测量到了海啸波传播时的海面变化

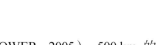

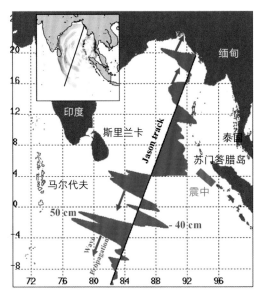

图 5.2　海啸时的海面高程变化（来源：NOAA）

Jason-1 号测高卫星在地震后 2 小时沿 129 轨道由南向
北穿过印度洋，这时海啸波正好在印度洋上传播

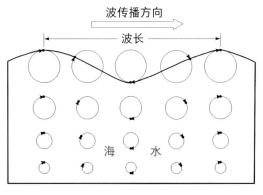

图 5.3　海水中的波浪

海浪不断地向前传播，但海水的质点却并不向前传播。
海水质点运动在海面最大，向下运动越来越小（指数衰
减）。尽管海面上惊涛骇浪，海底却是平静的。海面上
海水质点在做圆周运动，越往深处，圆周运动的幅度越
小。海面上波浪究竟涉及多少海水质点，完全取决于海
浪的波长。波长越长，参与运动的海水越多，波长很短
时，就只有海水表面薄薄一层水参与了海浪的运动

0.6 m（GOWER，2005）。500 km 的
波长，高度差却不到 1 m，此时的海
面就像一面大镜子，海啸波往外传播
过程中，海面风平浪静（图 5.2）。

　　海啸是水中一种特殊的波，它
最大的特点就是超大波长。为什么
在深海海啸波的波浪只有 0.5 m 的
高度，但是传到岸边，波浪高度竟
可高达 50 m？

　　海水表面的振荡和起伏，叫作
海浪（图 5.3）。实际上，海浪也
有区别，一种叫表面波，另一种叫
浅水波。

　　当水波的波长比海洋深度小很
多时，这种波叫表面波，风吹过池
塘引起的波动就是表面波，此时海
水的运动基本上局限在海面附近，
涉及深度不大，深处的海水几乎不
运动。

　　当水波的波长比海洋深度大很
多时，这种波叫浅水波，风吹过地上
薄薄的一层水，此时泛起的波会导
致这一层水几乎都发生了整体性的
运动，波长要比水深大许多倍以上。
海啸波的波长非常长，可达到几百
甚至上千千米，比海洋的最大深度
（全球海洋平均深度近 3.7 km，最
深的马里亚纳海沟也不过 11 km）还
要大许多，所以海啸是一种浅水波。
从海底到海面，整个海水水体都在
同步运动，海啸包含的能量惊人。

浅水波有个非常显著的特点，它的传播速度只与海水深度有关，海水越深，传播得越快（图 5.4），如用 V 表示海啸波的传播速度，用 g 表示地球的重力加速度（9.8 m/s²），用 H 表示海水深度，则有：

$$V=\sqrt{gH}$$

以太平洋海水深 5500 m 为例，取 H=5000 m 代入上式，得到海啸波速度为 232 m/s，即 835 km/h，这是跨洋喷气式飞机的速度。如果考虑近海岸的情况，取 H=100 m 代入上式，海啸波的速度为 31.3 m/s，即 112.7 km/h，这是高速公路汽车的速度。当海水深度变浅时，海啸波速度就更低了。

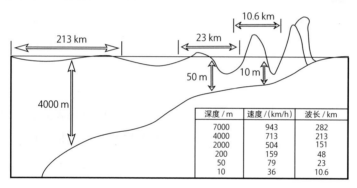

深度 / m	速度/(km/h)	波长 / km
7000	943	282
4000	713	213
2000	504	151
200	159	48
50	79	23
10	36	10.6

图 5.4　传播速度与海水深度密切有关，是海啸波最重要的特点

4000 m 水深，海啸波速度为每小时 713 km，波长 213 km；10 m 水深，速度为每小时 36 km，波长 10.6 km

 你能在脸盆中制造"浅水波"吗？

5.2　海岸"追尾"

"浅水波"的最大特点就是：深水传播速度快，浅水速度慢（图 5.5）在深海，海啸的波长很长，虽然速度快，但波高不足 1 m，不会造成破坏。

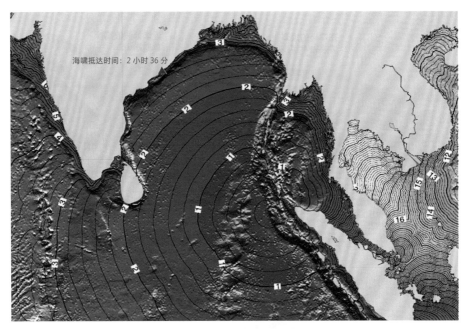

海啸抵达时间：2 小时 36 分

图 5.5 印度尼西亚苏门答腊地震产生的海啸实际传播的时间（来源：USGS）

图中白色方块中的数字表示海啸波传播到该地所需要的时间（单位：h）。印度洋的平均水深约 4000 m，按浅水波计算的传播速度为 713 km/h。印度尼西亚地震产生的海啸波传到斯里兰卡和印度需 2～3 小时，这与喷气式飞机的速度是一样快的，与浅水波计算结果一致；又请注意，尽管印度尼西亚与越南不远，但由于陆地的阻挡，海啸波要绕地球一圈后才能到达越南沿海，需要 12～16h

当海啸波传播到近海浅水水域时，海水深度急剧变浅，速度减慢。由于近海先到达的海水波速已减慢，后面的海水还在持续向前涌，动能就会转化为势能，造成波高急剧增加，最大可抬升到几十米。可想而知，前进一旦受到阻挡，其全部的前进能量就将变成巨大的破坏力量，就像无数汽车发生了不断的追尾事故。几十米高的"水墙"高速冲向海岸，摧毁一切可以摧毁的东西，造成巨大的灾难（图 5.6，图 5.7）。

 船长在深海上得到了发生海啸的消息，船应开往何处？

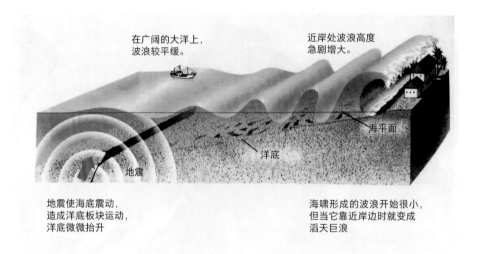

在广阔的大洋上，波浪较平缓。

近岸处波浪高度急剧增大。

海平面

洋底

地震

地震使海底震动，造成洋底板块运动，洋底微微抬升

海啸形成的波浪开始很小，但当它靠近岸边时就变成滔天巨浪

图 5.6　海啸发生机制示意图

图 5.7　美国国家气象中心的海啸预报标志

形象地表示出了海啸波的特点：在深海，海啸波波长很长，但波高很低，接近岸边时，波长越来越短，而波浪的波高越来越高

🌐 5.3　生"啸"三条件

海啸的生成需要满足三个条件：深海、大地震和开阔逐渐变浅的海岸条件（图 5.8）。

深海：地震释放的能量要变为巨大水体的波动能量，地震必须发生在深海，只有在深海，海底上面才有巨大的水体，而发生在浅海的地震产生不了海啸。

大地震：要产生非常长波长的海啸波，要求海底有大面积的上升或下降，这个面积是产生水波波长的决定因素，这个面积的尺度应是海啸波的波长。因此只有大地震才能产生大面积的海底运动。太平洋海啸预警中心发布海啸警报的必要条件是：海底地震的震源深度<60 km，同时地震的震级>7.5级，

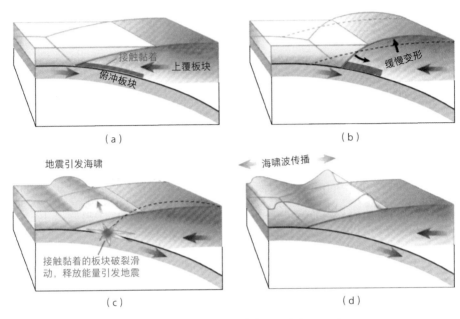

图 5.8 海啸的产生过程（来源：改自 USGS）

（a）俯冲板块向上覆板块下方俯冲运动；（b）两个板块紧密接触，俯冲造成上覆板块缓慢变形，不断积蓄弹性能量；（c）能量积蓄到达极限，紧密接触的两个板块突然滑动，上覆板块"弹"起了巨大的水柱，水柱的尺寸相当海啸波的波长；（d）水柱向两侧传播，形成海啸，原生的海啸分裂成为两个波，一个向深海传播，一个向附近的海岸传播。向海岸传播的海啸，受到岸边的海底地形等影响，在岸边与海底发生相互作用，速度减慢，波长变小，振幅变得很大（可达几十米），在岸边造成很大的破坏

这从另一个角度说明了海啸灾害都是深海大地震造成的。和海底大地震一样，大型海底火山喷发和大型海底滑坡也能产生海啸，不过比大地震引发海啸的次数要少得多。

开阔逐渐变浅的海岸条件：只有在水浅的地方才能"追尾"，岸边的悬崖地形会把海啸波反射回去。所以，海岸必须开阔，具备逐渐变浅的条件，这时，可形成海啸灾害。

海啸的浪高是海啸的最重要的特征。我们经常把在海岸上观测到的海啸浪高的对数作为海啸大小的度量，叫作海啸的等级（magnitude）。如果用 H（单位为 m）代表海啸的浪高，则海啸的等级 m 为（注意 H 要和海水深度的 H 加以区分）

$$m = \log_2 H$$

各种不同震级的地震产生的海啸高度见表 5.1：

表 5.1　地震震级、海啸等级和海啸浪高的关系

地震震级	6	6.5	7	7.5	8	8.5	8.75
产生的海啸等级	−2	−1	0	1	2	4	5
可能海啸的最大高度 /m	<0.3	0.5～0.7	1.0～1.5	2～3	4～6	16～24	>24

这是从全球近百年资料得到的经验关系。目前知道的海啸的最高浪高达 30 m 以上，是 1960 年智利大地震引起的，它对应 5 级海啸，从上表可以看出，只有 7 级以上的海底大地震才能产生海啸灾害，小地震产生不了海啸。

5.4　什么不是海啸

为了加深对海啸特点的认识，我们应该知道什么不是海啸。

风暴潮也是一种严重的自然灾害。在北美、加勒比地区和东太平洋地区它们被叫作飓风，在西太平洋地区叫作台风，在印度叫旋风。产生于赤道附近的热带风暴潮具有极大的能量。台风发源于热带海面，那里温度高，大量的海水被蒸发到了空中，形成一个低气压中心。随着气压的变化和地球自转，流入的空气也旋转起来，形成一个逆时针旋转的空气漩涡，这就是热带气旋——台风。只要气温不下降，这个热带气旋过境时常常带来狂风暴雨天气，引起海面巨浪，冲到陆地后，仍然会引起狂风和暴雨。

尽管风暴潮和海啸都会造成海水的剧烈运动，风暴潮是由海面大气运动引起的，而海啸是由海底升降运动造成的，前者主要是海水表面的运动，而后者是海水整体的运动。它们的不同性质，决定了在认识灾害和减轻灾害方面的方法也不同。

5.5　海 啸 灾 害

太平洋的周围是地球上构造运动最活跃的地带，孕育着大量的地震，因此，太平洋是最容易发生海啸的地方，长期以来，人们对海啸的研究和对海啸灾害的预警系统都集中在太平洋。

海啸与海浪和风暴潮的不同

（1）成因不同。风暴潮是由海面大气运动引起的，而海啸是由海底升降运动造成的，前者主要是海水表面的运动，而后者是海水整体的运动。

（2）波长不同。海啸的波长长达几百千米，而风暴潮的波长不到 1 km。水深达数千米的海洋，对于波长几百千米的海啸，犹如一池浅水，所以海啸波是一种浅水波；而风暴潮波长比海水的深度小得多，所以是一种深水波。

（3）传播速度不同。海啸传播速度快，每小时可达 700～900 km，这正是越洋波音 747 飞机的速度，而水面波传播速度较慢，风暴潮要快一点，最快的台风速度也只有 200 km/h 左右，比起海啸还是要慢得多。

（4）激发的难易程度不同。海浪或风暴潮很容易被风或风暴所激发，而海啸是由海底地震产生的，只有少数的海底大地震，在极其特殊的条件下才能激发起灾害性的大海啸。有风和风暴，必有风暴潮；而有大地震，未必一定产生海啸，大约十个地震中只有 1～2 个能够产生海啸。尽管对只有极少数地震能够产生海啸已经有了不少解释，但至今，这还是一个值得不断研究的问题。

全球的海啸发生区大致与地震带一致。全球有记载的破坏性海啸大约有 260 次，平均六七年发生一次。发生在环太平洋地区的地震海啸就占了约 80%（图 5.9），而日本列岛及附近海域的地震又占太平洋地震海啸的 60% 左右。

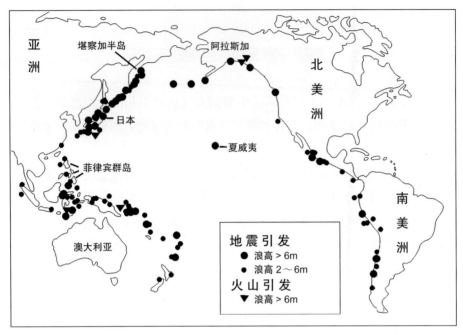

图 5.9　1900～2013 年期间，浪高超过 2.5 m 的海啸在太平洋的发源地多数都发生在环太平洋地震带附近

5.5.1
1755 年里斯本地震和海啸

　　1755 年葡萄牙是个海洋大国，它的首都里斯本当时人口有 25 万人，是当时世界上最为繁华的城市之一。11 月 1 日，强烈的地震以及随后而来的海啸袭击了里斯本。海水几次急冲进城，淹死毫无准备的百姓，淹没了城市的低洼部分。随后教堂和私人住宅起火，许多起分散的火灾逐渐汇成一个特大火灾，肆虐 3 天，大部分建筑物被摧毁，大量的珍贵文物被全城大火烧毁。25 万居民中死于地震和海啸的有 7 万余人。

　　里斯本这个富足的都市，基督教艺术和文明之地遭到了海啸的破坏，许多有影响力的作家提出这种灾难在自然界的位置问题（图 5.10）。伏尔泰在其小说中写下了他观察里斯本地震后感慨的评论："如果世界上这个最好的城市尚且如此，那么其他城市又会变成什么样子呢？"

图 5.10　1755 年 11 月 1 日，里斯本近海大地震产生的海啸袭击了塔古斯河北岸（North Tagus River）[来源：乔治·路德维希·哈特维格（Georg Ludwig Hartwig）1887 年所绘插图，存于贝特曼档案馆]

5.5.2
1960 年智利大地震和夏威夷海啸

　　1960 年 5 月 22 日，位于智利圣地亚哥以南 700 km 附近海洋中发生 9.5 级大地震。地震引起的海啸严重冲击智利海岸，掀起高达 25 m 的海浪。海啸波及到遥远的日本和菲律宾，就连距离震中 1 万 km 的地方也记录到了 10.7 m 高的海浪。如此大范围的灾难所造成的死亡人数及经济损失无法精确得知。

　　智利是个多地震的国家。有趣的是，最早描述智利地震和海啸的人中，有一个是写《物种起源》的达尔文（Charles Darwin），人们都知道他在自然演化、物种起源方面的贡献，却很少有人知道他在地震和海啸研究方面的工作。1835 年达尔文乘小猎犬号（Beagle）军舰环球旅行时，正好途经智利，亲眼目睹了当年智利大地震产生的海啸（图 5.11）。

　　1960 年智利地震产生的海啸袭击了太平洋的夏威夷（图 5.12，图 5.13）。在夏威夷，第一次海啸波并不大，居住在海边的居民都纷纷跑到高处，所

H.M.S. BEAGLE IN STRAITS OF MAGELLAN. MT. SARMIENTO IN THE DISTANCE.　　Frontispiece.

图 5.11　达尔文在他的探险日记中记载了 1835 年智利大地震产生的海啸
（来源：Darwin, 1913）

达尔文的探险日记记录了智利大地震引发海啸的情形：紧接地震后的巨浪和海啸，以迅雷不及掩耳之势席卷了港口。从三四千米外的海上可以看到一层层涌动的巨大如山的波浪，以一种缓和的速度慢慢逼近港口，到近处时则变得非常有力、快速，一下子就扫平了岸上的房屋和树木。巨浪的力量如此惊人，就连四吨重的大炮也被移走了十五英尺。达尔文感慨：人类无数时间和劳动所创造的成果，只在一分钟内就被毁灭了

图 5.12　1960 年智利地震产生的海啸波传遍到整个太平洋地区（来源：National Weather
Service，https://w2.weather.gov/jetstream/1960chile_forecast）
图中的数字表示海啸波传播所需的时间（单位：h）

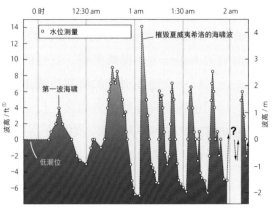

图 5.13　1960 年智利地震产生的巨大的海啸袭击了夏威夷（来源：USGS）

（左）岸边马路上原来竖立着一只巨大的时钟，海啸袭击摧毁了时钟的支架，时钟倒落在地上，指针永远地记下了海啸第一次袭击的时刻：1960 年 5 月 24 日凌晨 1 点 4 分。现在人们把这只倒落的时钟，制成了一个纪念碑，用来纪念这次海啸事件。（右）海啸第一次袭击夏威夷发生在 5 月 23 日半夜，随后的几次海啸波以 30 分钟左右的间隔，接连几次不断袭击，而且威力一次比一次大，第三次的海啸波最大，夏威夷的验潮站记录了海啸袭击夏威夷的全过程

图 5.14　1960 年智利地震产生的海啸波也袭击了日本（来源：USGS）

---

① 1ft = 0.3048 m。

以几乎没有人员的伤亡，一看海水退了，许多人又回到原来的家中，没有想到的是，约30分钟后，有更大的海啸波突然袭击，61人不幸遇难。如果知道海啸波不止一个，提高警惕，这样的悲剧就不会发生。与此形成鲜明对比的是，同一个地震引发的海啸也袭击了日本。在第一次海啸波之后，日本的居民也跑到高处躲避海啸波，但是人们保持着高度的警惕，在没有得到通知前，没有一个人回家，他们在高处足足等了4个小时（图5.14）。正是日本民众的海啸知识的普及，大大减少了人员的伤亡。

5.5.3
2004 年印度尼西亚苏门答腊地震海啸

2004年12月26日的印度尼西亚苏门答腊地震，发生在水深超过1000 m的深海，震级高达9级，是近50年来全世界发生的特大地震，也是印度洋地区历史上发生的震级最大的地震，而且符合断层面相互垂直错动等产生海啸的条件，因此，产生了巨大的海啸。

此次地震震中为无人居住的海洋，故地震本身造成的伤亡不大。但地震引发的海啸，造成了极为严重的伤亡。对于印度尼西亚来说，这次海啸属于近海海啸，或称本地海啸。班达亚齐（Banda Aceh）是印度尼西亚亚齐省（今亚齐特别行政区）的首府，是离地震震中最近的海滨城市，海边的人们纷纷被冲上岸来的巨浪卷入大海（图5.15）。数百人在海啸中丧生，其中包括很多儿童。当地的一名美联社记者看见巨浪扫荡过后，连树梢上都挂有尸体，迷人的海滩在灾难过后成为"露天停尸间"，到处都可以看见尸体，其状惨不忍睹。

海啸等自然灾害到来前可能会产生次声波，由于大象可以听到海啸产生的次声波，它们不听主人指挥，快速离开现场，海边乘坐大象的游客才得以生还。

地震产生的海啸，袭击了几百、几千千米外的印度洋周围不设防的海岸带，由于当地人口密集，故受灾严重。这次地震引发的海啸波及印度尼西亚、斯里兰卡、泰国、印度、马来西亚、孟加拉国、缅甸、马尔代夫等国，遇难者总数两周内超过30万人。

图 5.15　班达亚齐海啸前后对比（来源：DigitalGlobe）

班达亚齐是印度尼西亚亚齐省的首府，是一个海滨城市，距 12 月 26 日大地震震中约 250 km，对于这个地方而言，属于本地海啸。10 m 高的海浪席卷了灾区村庄和海滨度假区，其海啸灾害十分严重。美国 DigitalGlobe 公司发布了一系列卫星遥感照片，图为快鸟卫星拍摄的地震海啸前后对比遥感图像，清楚地表明了特大地震和海啸灾害最重的地区之一的班达亚齐的破坏情况。海岸已经缩小，部分海岸消失，海边建筑完全被地震和水灾所摧毁，露出了泥土和岩石

5.5.4
日本的海啸

　　海啸灾害主要发生在海岸，岛国日本就成了一个经常遭受海啸袭击的国家，成为海啸的英文单词 Tsunami 的发源地（图 5.16）。Tsunami 在日语中称为"津波"，即"港边的波浪"，其中 Tsu 指海港、港口，Nami 的意思是波浪。"Tsunami"一词，在 1963 年的国际科学会议上正式列为国际术语。

　　2011 年 3 月 11 日东日本 9.0 级大地震发生，震中位于仙台市以东的太平洋海域约 130 km 处（38.1° N，142.6° E），距日本首都东京约 373 km。此次地震是日本有观测纪录以来第一个震级超过 9.0 级的地震，也是日本史上规模最大的地震。这次地震使本州岛移动，地球的地轴也因此发生偏移。

　　这次地震引起的海啸也是最为严重的，南北长约 500 km、东西宽约 200 km，创下日本海啸波及区域最广的纪录（图 5.17）。对日本来说，这

图 5.16　版画《神奈川冲浪里》

这是日本浮世绘画家葛饰北斋在 1830 ～ 1831 年间发表的作品。画面上翻卷的浪花像庞大的怪物迎面扑来，远处的小船被海浪悬起，和远处的富士山形成对照。这幅画，是日本印刷数量最多的一幅画。描述海啸的这幅画，将用于 2024 年发行的新版 1000 元日元

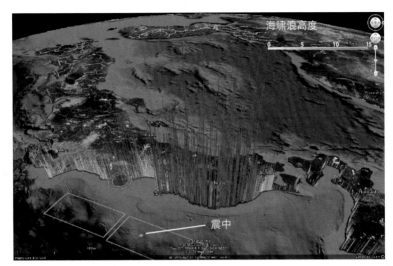

图 5.17　2011 年 3 月 11 日，日本各地观测到的海啸高度（来源：Google Earth）
对于日本来说，这次海啸属于近海海啸，对于日本海岸的破坏极为严重。灾后调查显示
共 500 km 的沿岸地区海啸波的高度超过 10 m，最大波高达 40.1 m

是一次极为严重的近海海啸。地震和海啸造成至少约 15 900 人死亡、2523
人失踪，遭受破坏的房屋约 130 万栋，为日本第二次世界大战后伤亡最惨
重的自然灾害（图 5.18，图 5.19）。

日本东北地方人口最多的宫城县，县内沿海城市多遭受海啸袭击。首
府仙台市市区在海啸侵袭后造成严重水灾，多数居民被迫撤离。对比海啸
前后的卫星照片，可见宫城县受灾之严重（图 5.20）。

海啸导致太平洋海边的福岛核电站受到严重的影响。它是当时世界上
最大的在役核电站。核电站防御设施能够抵御浪高 5.7 m 的海啸，而当天袭
击电厂的最大浪潮达到约 14 m。核电厂所有交流、直流电丧失，由于丧失
了排热手段，福岛核电厂 1 号、2 号、3 号机组在堆芯余热的作用下迅速升
温，锆金属包壳在高温下与水作用产生了大量氢气，随后引发了一系列爆炸。
日本原子力安全保安院（Nuclear and Industrial Safety Agency, NISA）将福岛
核事故等级定为核事故最高分级的 7 级（特大事故），与切尔诺贝利核事
故同级。3 月 30 日日本官方宣布永久关闭福岛第一核电厂 1 号、2 号、3 号、
4 号机组。东京电力公司因福岛核事故支付的赔偿总额，包括临时预付补偿
在内，截至 2017 年底，已达 76 821 亿日元（约合人民币 4619.95 亿元）。

图 5.18　海啸后 1 周日本岩手县的海啸破坏情况（来源：NOAA/NGDC, Dylan McCord, U.S. Navy）

图 5.19　仙台机场跑道大部分被淹，只留下航厦大楼（来源：新华社）

海啸时，海水冲上宫城县沿海陆地，首府仙台市市区在海啸侵袭后造成严重水灾，多数居民被迫撤离。宫城县的日本航空自卫队松岛基地有 18 架的 F-22 战斗机、4 架 T-4 教练机、4 架 UH-60 黑鹰直升机等被淹没致故障，当时基地中的 200 名人员失去联系

图 5.20　宫城县一处海岸海啸前后对比（来源：Google Earth）

日本东北地方人口最多的宫城县，县内沿海城市多遭受海啸袭击，照片显示了海啸袭击的严重程度。地震和海啸造成约 16 000 人死亡、2600 人失踪，遭受破坏的房屋约 130 万栋，为日本二战后伤亡最惨重的自然灾害

3月16日，很少露面的日本明仁天皇罕见地透过电视发表公开演说，对于日本受灾民众在这次重大灾难中所表现出的冷静，给予充分肯定。天皇主动要求全部皇室人员配合政府限电措施，能不用电就不用，尽量将资源留给受灾民众。这是日本历史上，首次天皇在重大灾难后发表电视演说，1995年的阪神大地震，明仁天皇仅以书面声明鼓励日本民众。日本政府于2011年8月7日凌晨宣布自2012年起每年的3月11日定为"国家灾难防治日"。

日本是容易受到海啸袭击的国家（图5.21）。1896年6月15日，明治29年，日本东部发生了8.5级大地震，随后地震引发了大海啸，30分钟后，海啸到达沿岸冲击歌津、三陆、宫古、田野烟等市县。三陆町绫里记录到了明治时代以来最高的海啸水位，高达38.2 m（图5.22），同时夏威夷也记录到海浪为2.5～9 m。这次地震造成21 909人死亡，房屋损失8526栋，倒塌1844栋，船舶损失5720艘。日本历史上称这次海啸为"明治海啸"。

1933年3月3日，在明治三陆地震震中附近再次发生8.1级大地震，不过和上次不同的是，这次地震是正断层引起的，而明治地震是逆断层引起的。

图5.22 几次大海啸的水位高度记录
（来源：日本防灾系统实验室）
（上）在岩手县记录到了明治时代以来最高的海啸水位，高达38.2 m。（下）几次大地震海啸的水位对比

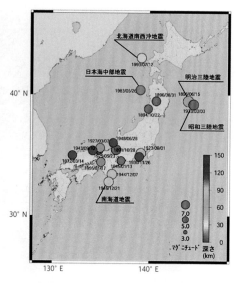

图5.21 日本历史海啸（684～1983年）
（来源：日本气象厅）

太平洋是滋生地震海啸的"温床"，全球70%的地震分布在环太平洋地震带。在这个特殊的地震圈里，靠近太平洋俯冲带的日本最容易受到海啸的侵扰。从公元684～1983年间，日本共发生62次损失严重的海啸。其中最著名的是1896年的"明治海啸"和1933年的"昭和海啸"

5.5.5
中国的海啸

中国的近海，渤海平均深度约为 20 m。黄海平均深度约为 40 m，东海约为 340 m，它们的深度都不大，只有南海平均深度为 1200 m。因此，对比海啸产生的三个条件：深海、大地震和开阔逐渐变浅的海岸条件，大部分海域地震产生本地海啸的可能性比较小，只有当南海和东海的个别地方发生特大地震时，才有可能产生海啸。

再来看看太平洋地震产生的远洋海啸对中国海岸的影响。亚洲东部有一系列的岛弧，从北往南有堪察加半岛、千岛群岛、日本列岛、琉球群岛，直到菲律宾。这一系列的天然岛弧屏蔽了中国的大部分海岸线，中国受太平洋方向来的海啸袭击的可能性不大。1960 年，智利发生 9.5 级大地震，产生地震海啸，对菲律宾、日本等地造成巨大的灾害，但传到中国的东海，在上海附近的吴淞验潮站，浪高只有 15～20 cm，没有造成灾害。

台湾位于环太平洋地震带，当太平洋海啸从台湾东部靠近时，由于台湾东部的海底，海底地形非常陡峭，容易使波浪受到折射而远离，不利海啸成形。2011 年日本东北大地震（海底地震）时台湾仅观测到 10 cm 潮差，而 1960 年智利大地震所引发的海啸对于台湾也没有造成重大灾害。

🌐 5.6　海 啸 预 警

目前，人类对海啸等突如其来的灾变，只能通过观察、预测来预防或减少它们所造成的损失，但还不能阻止其发生。

利用海啸不断从发源地向外传播的道理，1949 年在夏威夷建立了太平洋海啸预警中心（The Pacific Tsunami Warning Center，PTWC，图 5.23），1965 年扩大参与国范围，现包括中国、日本、澳大利亚等环太平洋的 26 个国家都参与其中。许多国家还建立了类似的国家海啸预警中心。一旦从地震台和国际地震中心得知海洋中发生地震的消息，太平洋海啸预警中心就可以计算出海啸到达太平洋各地的时间，发出警报。中国于 1983 年加入了太平洋海啸预警中心，对于来自太平洋方面的海啸，我们是有防备的。

建立海啸预警系统的科学依据有两个：第一，地震波比海啸波跑得快。

地震波大约每小时传播 30 000 km（每秒约 6～8 km），而海啸波每小时传播几百千米。如果智利发生地震并引起了海啸，地震波传到上海用不了一个小时，其海啸波传到上海则需要 23 个小时。这样，根据地震台上接收的地震波，人们不但可以知道智利发生了大地震，还可以知道直到二十几个小时后海啸波才会到达。第二，海啸波在海洋中传播时，其波长很长，会引起大面积海水的升高（台风也会造成海面出现大波浪，但面积远远不及海啸），如果在大洋中建立一系列的观测海水水面的工作站（如 DART）（图 5.24），就能够知道有没有发生海啸，其传播的方向如何等关键问题。

　　海啸预警是个复杂的问题，有的地震会造成海啸，而大部分海洋中的地震不产生海啸。1948 年，檀香山收到了海啸警报，采取了紧急行动，全部居民撤离了沿岸，结果根本没有海啸发生，为紧急行动付出了 3000 万美元的代价。太平洋海啸预警中心一共发布 20 次海啸警报，其中 15 次是虚假警报，虚报的比例为 75%。目前，预警系统仍在不断进行升级和完善。同时，人们意识到，预警系统不是万能的，本地海啸的预警比远洋海啸要困难得多。因此，为了最大限度减轻灾害，除预警系统外，一定不要忽视灾害的预防和救援。

图 5.23　1949 年建于夏威夷的太平洋海啸预警中心（PTWC，The Pacific Tsunami Warning Center）主要提供太平洋地区的海啸预警服务

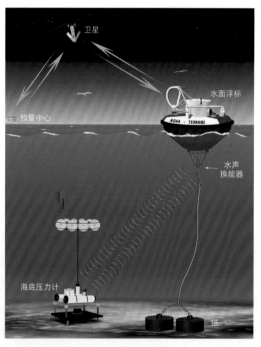

图 5.24　海啸监测系统 DART 示意图（来源：NOAA）

它由四部分组成：海底压力计，浮标系统，卫星和预警中心

第六章

天气和气候

大自然的状况经常千变万化，如万物复苏的春天突然刮起沙尘暴，阳光明媚的夏天突然下起冰雹。这种某一瞬间或某一时段内各种气象要素所确定的大气状况，如刮风、下雨、气温波动，被称为"天气"。我们可以这样描述天气："今天天气很好，风和日丽，晴空万里；昨天天气很差，风雨交加"等。

自然界不仅有短期的大气变化，还有长期的变化，如一年有春、夏、秋、冬四个季节。人们可以由温度和雨量等的差异而感知四季变化。某地区较长时间的天气平均状况，被称为"气候"。我们可以这样描述气候："昆明气候很好，四季如春"。

天气与气候的区别为：天气现象的时间短，变化多；气候现象为长时间平均，相对稳定。

"气象"则是大气中的风、干湿、冷热、云、雨、雪、霜、雾、雷电等各种物理现象和物理过程的总称。"天气"、"气候"和"气象"的内涵有着明显的区别。

地球大气总在不停地运动，气体总是从高压的地方向低压的地方流动，如果地球上没有风，污浊的空气得不到流动，人类和动植物将无法呼吸，靠风传播花粉的植物将没有后代。风包括两个方面，一是风向，二是风速。风向是指风吹来的方向，例如北风就是指空气自北向南流动。风速是指空气在单位时间内流动的距离。风运动的形式多种多样，范围有大有小。正是这种不断的大气运动，形成了地球上不同地区的不同天气和气候。大气的运动形式主要包括：环流、气旋（涡旋）和对流。由于地球表面各地的受热情况不同，除大气环流外，大气运动还可能表现为台风和龙卷风（大气气旋）、季风和海陆风（大气对流）等。

为什么飞机从伦敦飞北京比北京飞伦敦要快 1 小时？

🌐 6.1　季风——随季节变换的风

大气运动最重要的能量来源是太阳辐射能。太阳加热了地球地面，地面又加热了地面附近的大气，即太阳暖了大地，大地暖了大气。白天太阳照射时，陆地热，形成低压，海面冷，是高压，这时空气会从较冷的海面吹向较暖的陆地，形成凉凉的"海风"。相反，到了晚上，陆地散热比海面快，陆地冷，形成高压，海面热，是低压，空气又由陆地流向海面，便吹起了"陆风"。也就是说，在一天的时间尺度内，风有海陆之分。倘若我们考虑较长的时间尺度，例如考虑一年的四个季节，陆地和海洋吸热、散热速度不同，也会造成不同的风，这就是季风。季风是指区域大范围盛行的风向随着季节有显著变化的风系。

地球在公转的同时，还不停地绕自转轴旋转，并且自转轴倾角为23.4°，于是形成季节变化。

全球有几个明显的季风气候区域，其中东亚是世界上最著名的，主要是由于东亚位于世界上最大的大洋（太平洋）和最大的大陆（欧亚大陆）之间，海陆气温差异最为显著，同时青藏高原的隆起，加剧了东亚季风的强度，所以东亚季风成为世界上最为强烈的季风。冬季，亚洲大陆被蒙古高压控制，高压前端的偏北风成为亚洲东部的冬季风，各地冬季风的方向，由北而南依次为西北风、北风和东北风。夏季，热低压控制亚洲大陆，太平洋副热带高压西伸北进，因此季风为偏南风（图6.1）。

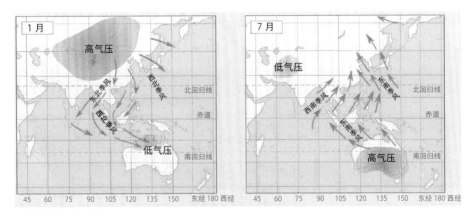

图 6.1　东亚季风区

最大的大洋（太平洋）和最大的大陆（欧亚大陆）因热力性质差异造成季风。冬季季风起源于蒙古、西伯利亚，夏季季风起源于太平洋。冬季风强于夏季风。东亚季风区的天气和气候受东亚季风的影响非常显著，冬季寒冷、干燥、少雨，夏季高温、湿润、多雨。正常情况下，东亚季风决定了这个地区旱季和雨季的存在，我国华南前汛期，江淮的梅雨及华北、东北的雨季，都属于夏季风降雨

如果地球的自转轴倾角是零度，
会发生什么？

6.2 寒潮——"顶牛"的风（冷锋和热锋）

大气中有许多气团，气团指水平方向上的湿度、温度等比较均一的大范围空气。按温度可分为冷气团（温度低、湿度小、密度大、气压高）和暖气团（温度高、湿度大、密度小、气压低）。当冷气团遇到暖气团时，就会"顶牛"。在它们的交汇处往往会产生带状的界面，气象学上称为"锋面"。锋面中冷空气在下方，暖空气位于上方（图6.2，表6.1）。

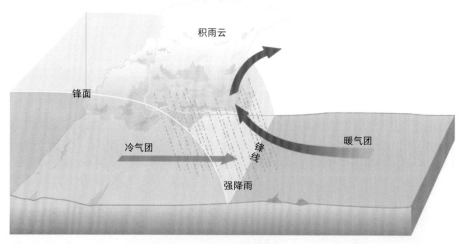

图 6.2 锋面示意图

当冷气团遇到暖气团时，双方开始"顶牛"，看看谁的力气大。在它们的交汇处往往会产生带状的
界面，气象学上称为"锋面"。"顶牛"的不同结果，常带来许多不同的天气现象

表 6.1 冷锋与暖锋

类型	冷锋	暖锋
形成	暖气团 冷气团 晴 多云 雨区 晴	暖气团 冷气团 晴 雨区 多云 晴
运动特征	冷气团长驱直入，暖气团被迫抬升，锋面上两个气团运动方向相反	暖气团主动爬升，冷气团被迫后退，锋面上两个气团运动方向相同
天气实例	夏季暴雨，春秋大风、沙尘暴，冬季寒潮	春雨（一场春雨一场暖）

寒潮是一种"冷锋"。来自高纬度地区的寒冷空气气团，像潮水一样大规模地向中、低纬度侵袭。侵入我国的寒潮，主要是从俄罗斯的西伯利亚南下的冷高压空气（图 6.3）。这些地区冬季长时间见不到阳光，到处被冰雪覆盖着，停留在那些地区的空气团越来越冷、越来越干，当这股冷气团积累一定的程度，气压增大到远远高于南方时，就像贮存在高山上的洪水，一有机会，就向气压较低的南方泛滥、倾泻，这就形成了寒潮。群众也把寒潮称为寒流。每一次寒潮爆发后，西伯利亚的冷空气就要减少一部分，气压也随之降低。但经过一段时间后，冷空气又重新聚集堆积起来，孕育着一次新的寒潮的爆发。

寒潮引发的大风、霜冻、雪灾、雨淞等灾害对农业、交通、电力、航海以及人们的健康都有很大的影响。寒潮和强冷空气通常会带来大风、降温天气，是中国冬半年主要的灾害性天气。

随着纬度增高，地球接收的太阳辐射能量逐渐减弱，寒潮携带大量冷空气向热带倾泻，使地面热量进行大规模交换，有助于保持自然界的生态平衡。寒潮也是风调雨顺的保障。冬天气候干旱，当寒潮南侵时，常会带来大范围的雨雪天气，缓解冬天的旱情，使农作物受益。"瑞雪兆丰年"、"寒冬不寒，来年不丰"这些农谚能在民间千古流传，是有道理的。但寒潮也会带来过多的降雪，甚至导致连续数天或十几天的暴风雪，也会造成灾害。

图 6.3　2021 年威海市寒潮导致"冰河世纪"景观

（来源：威海市气象局，http://sd.cma.gov.cn/gslb/whsqxj/xwzx/qxwh/202112/
t20211227_4328960.html）

在寒潮过程中，最突出的天气是剧烈降温、降雪（雨）和大风。由于我国幅员辽阔，南方和北方气候差异很大，一般而言，北方采用的寒潮标准是：24 小时降温 10℃以上，或 48 小时降温 12℃以上，同时最低气温低于 4℃；南方采用的寒潮标准是：24 小时降温 8℃以上，或 48 小时降温 10℃以上，同时最低温度低于 5℃

 2023 年冬奥会为什么不在东北，而在北京举行？

📍 6.3　冰雹——上蹿下跳的风（对流）

冰雹和雨、雪一样，都是从云里掉下来的。热空气从地面上升，上升过程中气压降低，体积膨胀，如果上升空气与周围没有热量交换，由于膨胀过程中会消耗能量，空气温度就要降低。在大气中空气每上升 100 m，因绝热变化会使温度降低 0.65℃左右。在一定温度下，空气中容纳水汽有一个限度，达到这个限度就称为"饱和"，当温度降低时，空气中可能容纳的水汽量就会降低。因此，原来没有饱和的空气在上升运动中由于绝热冷却可能达到饱和，空气达到饱和之后，过剩的水汽便附着在飘浮于空中的凝结核上，形成水滴。当温度低于 0℃时，过剩的水汽便会凝华成细小的冰晶。这些水滴和冰晶聚集在一起，飘浮于空中便成了云。空气在对流运动中有上升运动和下沉运动，在上升气流区往往会形成云块，下沉气流区就成了云的间隙，露出了蓝天。所以说，天空中的云是由空气对流产生的。

　　如果对流运动十分猛烈（强烈而不均匀），空气频繁上蹿下跳，强烈的上升气流进入低温区后，空气中的灰尘和其他固态物质就会形成雹核，接着上升雹核与低温区中的冰晶、雪花和少量过冷水滴黏合并冻结成为一个不透明的冰雹。在上升气流较弱的时间和地点，当逐渐增大的冰雹无法被支托时，就会在上升气流里下落，在下落中不断地并合冰晶、雪花和水滴而继续生长，这时如果落到另一个更强的上升气流区，那么冰雹又将再次上升，重复上述的生长过程。这样冰雹就一层透明一层不透明地生长，由于各次生长的时间、含水量和其他条件的差异，冰雹的各层厚薄及其他特点也各有不同。最后，当上升气流终于支撑不住冰雹时，它就从云中落了下来，成为我们所看到的冰雹。冰雹的大小和形状不同，有些可能只有豆子大小，而另一些可能有鸡蛋大小（图 6.4）。1930 年，德国 5 名滑翔机驾驶员被卷入雷雨云后弃机跳伞，恰被上升气流卷入了过冷水气区形成的

图 6.4　大雷暴会产生大冰雹（图片来源：NOAA）

巨大冰雹核心，云中强烈的气流将他们上下抛扔，使他们身上包裹了层层厚冰，最后落在地上成了"人雹"。1894 年 8 月 11 日，美国密西西比州维克斯堡降下一个特大冰雹，里面竟包裹着一个大乌龟。

冰雹灾害是由强对流天气系统引起的一种气象灾害，它出现的范围虽然较小，持续时间也比较短促，但来势猛、强度大，并常常伴随着狂风、暴雨、闪电等其他天气过程。

强对流天气系统引起的另一种天气现象是雷电。对流发展旺盛而形成的积雨云中，冰晶的凇附（冰晶与过冷水滴相碰，过冷水滴冻结在冰晶上的过程），水滴的破碎以及空气对流等过程，使云中产生电荷。云的上部以正电荷为主，下部以负电荷为主。因此，云的上、下部之间形成一个电位差。当电位差达到一定程度后，就会发生放电，这就是我们常见的闪电现象（图 6.5，图 6.6）。

闪电和雷声是同时发生的，但闪电速度快（30 万 km/s），而声音速度慢（340 m/s），所以，人们总是先看见闪电，后听到雷声，两者时间差乘以声波速度，即可知道雷电离你有多远。

人在室外时，如果遇到雷电，需注意以下四点：一是人体应尽量降低自己，以免作为凸出尖端被闪电直接击中；二是人体与地面的接触面要尽量缩小，以防止因"跨步电压"造成伤害；三是不可到孤立的大树下和无避雷装置的高大建筑体附近，不可手持金属体高举头顶；四是不要进入水中。

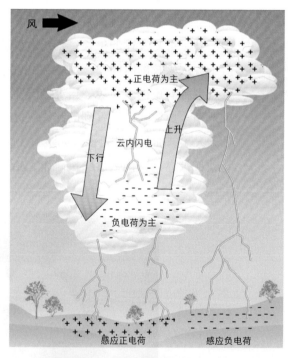

风

正电荷为主

上升

云内闪电

下行

负电荷为主

感应正电荷　　感应负电荷

图 6.5　闪电的形成过程示意图

对流激烈的积雨云中，云的上部以正电荷为主，下部以负电荷为主。因此，云的上、下部之间形成一个电位差。当电位差达到一定程度后，大气中一个狭窄的空气柱被电离，形成瞬间的放电通道，这就是闪电

图 6.6　积雨云中的闪电（来源：Pexels）

积雨云下部的负电荷，还吸引地面产生正电荷，让它们如影随形地跟着云移动。正电荷和负电荷彼此相吸，带有电荷的雷云与地面的突起物接近时，它们之间就发生激烈的放电，巨大的电流沿着一条气体道通向地面，破坏建筑物，伤害人类

6.4　台风——旋转的风（气旋）

夏秋季节，在离赤道平均 3～5 个纬度外的热带地区的海面，大量高温（26℃以上）海水蒸发，水汽发生对流作用，上升到了空中形成对流云，大量外围空气短期内源源不绝地进入对流通道，并在对流云高层向外流出。地球转动使流入的空气像车轮那样旋转起来。热带气旋会越来越强大，当气旋中心持续风速在 12～13 级（即 32.7～41.4 m/s）时，就形成了台风

（typhoon，北太平洋西部）或飓风（hurricane，在北大西洋及东太平洋）。
台风就是在大气中绕着自己的中心急速旋转的同时又向前移动的热带气旋。
受大尺度天气系统的影响，台风或在海上消散，或变性为温带气旋，或在
登陆陆地后消散。热带气旋的生命期平均为一周，短的只有 2 ～ 3 天，最
长可达一个月左右。

地球绕地轴自西向东旋转，从北极上空俯视，属于逆时针旋转，台风
是旋转的风，其形成与地球自转密切联系。受地球自转影响，地球上水平
运动的流体，无论朝哪个方向运动，都会发生偏转现象（图 6.7，图 6.8）。
在北半球，容易被冲蚀的总是右河岸，气流运动总是向右偏，作为热带气
旋的台风总是逆时针旋转，发射出去的炮弹也总是向右偏，而在南半球，
台风则是顺时针旋转（图 6.9，图 6.10）。

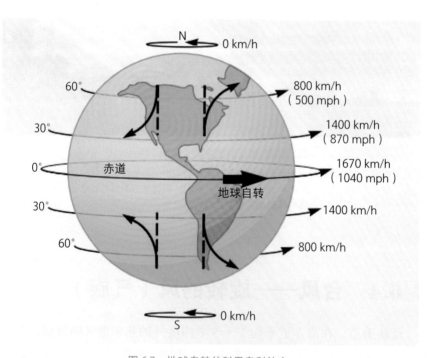

图 6.7 地球自转的科里奥利效应

由于地球的自转，地面上的流体（大气或海水）流动的路线会是一条弧线。图中的虚线表示没有自
转时流体的流动路线，实线表示有自转时的流动路线。当大气从赤道向两极运动时，北半球大气路
线向右手边偏移，而在南半球，则向左手边偏移。地球上近南北取向的河流，东岸比西岸被流水侵
蚀得严重，也是这个道理

图 6.8 傅科钟摆实验

1851 年法国物理学家傅科（Foucault）为证明地球自转，他在巴黎先贤祠大厅的穹顶上悬挂了一条 67 m 长的绳索，绳索的下面是一个重达 28 kg 的摆锤。傅科设置的摆每经过一个周期的震荡，在沙盘上画出的轨迹都会偏离原来的轨迹（准确地说，在这个直径 6 m 的沙盘边缘，两个轨迹之间相差大约 3 mm）。该实验证明了科里奥利力的存在，为大气自旋提供了解释

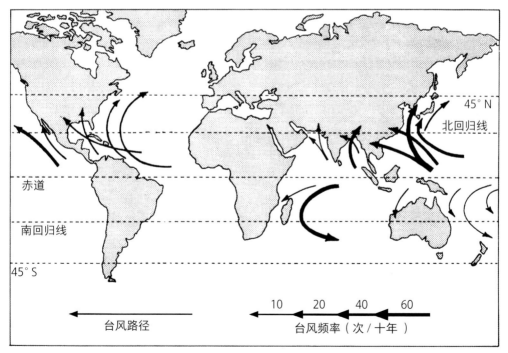

图 6.9 全球台风运动路线分布图

箭头表示台风前进的方向，线条粗细表示台风发生的频度

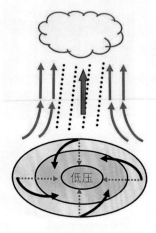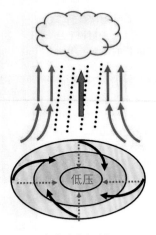

气旋（北半球）
气流逆时针辐合，中心气流上升

气旋（南半球）
气流顺时针辐合，中心气流上升

图 6.10　南北半球台风形成机制示意图

台风就是绕着自己的中心急速旋转的同时又向前移动的热带气旋。热带海洋中大量高温（26℃以上）海水被蒸发到了空中，形成一个低气压中心。北半球低压中心是一个很大的气柱，由于地球自转，气柱南面靠近赤道的大气向东运动的速度比北面的大气向东运动的速度快，于是，围绕低压中心的大气作逆时针方向转动。反之，在南半球作顺时针方向旋转。台风是一种旋转的热带风旋

台风携带的能量极大。1966 年太平洋东南部出现的赫拔台风（Typhoon Herb）是一个高能量的系统，其产生的主要天气现象包括强风和暴雨，强风携带着大量的动能，而暴雨则带着大量水汽凝结的潜热释放。赫拔台风总能量估计值为 10^{20} J，如此大的能量相当于台湾省几百年的用电量。

全世界平均每年有 80 ～ 100 个台风发生，其中绝大部分发生在太平洋和大西洋上。夏秋季节，台风是我国东南沿海地区最严重的灾害，这些地区平均每年受到十余次台风的袭击，随着东南南海地区经济增长和社会发展，台风造成的损失有逐步上升的趋势（图 6.11）。

台风除了其"灾害"的一面外，也有为人类造福的一面。台风降水是我国江南地区和东北诸省夏季雨量的主要来源。在酷热的日子里，台风来临，凉风习习，可以降温消暑，所以，有人认为台风是"局部受灾，大面积受益"，这不是没有道理的。

图 6.11 1922 年 8 月 2 日被太平洋的台风袭击的广东汕头
（来源：Sonoma State University Library）

这是中国近代危害最严重的一次台风，海水陡涨 3.6 m，沿海 150 km 堤防悉数溃决，造成了严重的灾害。当时正处于北洋军阀混战时期，灾后救援不到位，这次台风共造成 7 万多人遇难，数十万人流离失所

除了台风以外，另一种大气气旋是龙卷风。龙卷风的风速可达 300 km/h，是跑得最快的风。龙卷风是一种少见的局地性、小尺度、突发性的强对流天气，是在强烈的不稳定的天气状况下由空气对流运动造成的强烈的、小范围的空气涡旋。当旋涡运动愈趋猛烈时，可自云中直降至地面，形成一个猛烈旋转着的圆形空气柱，它的上端与雷雨云相接，下端有的悬在半空中，有的直接延伸到地面或水面，一边旋转，一边向前移动。它发生在海上时犹如"龙吸水"，被称为"水龙卷"；出现在陆上时，卷扬尘土，卷走房屋、树木等，被称为"陆龙卷"。远远看去，它不仅很像吊在空中晃晃悠悠的一条巨蟒，而且很像一个摆动不停的大象鼻子。典型龙卷风的移动速度为 55 km/h，最强的龙卷移动速度可高达 450 km/h，风力极强，是所有大气现象中破坏力最强的。龙卷风常会拔起大树、掀翻车辆、摧毁建筑物，有时甚至会把人吸走，危害很大（图 6.12～图 6.14）。

图 6.12　龙卷风形成初期（左）以及末期（右）的景象

（来源：NOAA, https://photolib.noaa.gov/Collections/National-Severe-Storms-Laboratory/Tornadoes）

1981 年 5 月 22 日科学家在俄克拉何马州 Cordell 追踪并研究龙卷风发出的声音时拍摄

图 6.13　大理洱海的"水龙卷"

（来源：https://new.qq.com/rain/a/20200805A0YPP100）

2020年8月5日上午，云南大理洱海惊现龙卷风，一条巨大的水柱连通云层与洱海，场面令人震撼。龙卷风内部的气压很低，可以低到 400 hPa（0.4 个大气压）。它犹如一个特殊的吸泵一样，把它所触及的水和沙尘、树木等吸卷而起，形成高大的柱体，这就是过去人们所说的"龙吸水"。当龙卷风把陆地上某些物质或海里的鱼类卷到高空，移到某地再随暴雨降到地面，就会形成"血雨"、"谷雨"、"钱雨"或"鱼雨"

图 6.14　美国堪萨斯州的格林斯堡（Greensburg）被龙卷风袭击后的废墟
（来源：Orlin Wagner/AP Photo，https://www.nytimes.com/2007/05/06/us/06tornado.html）

2007 年 5 月，龙卷风以近 300 km/h 的速度袭击了美国堪萨斯州的格林斯堡小镇，过后一片狼藉，到处是龙卷风肆虐的痕迹。龙卷风的脾气极其"粗暴"，所到之处，吼声如雷，犹如飞机机群在低空掠过。1896 年美国圣路易斯的龙卷风夹带的松木棍竟把 1 cm 厚的钢板击穿。不过，龙卷风中心的风速很小，甚至无风，这和台风眼中的情况很相似

🌏 6.5　热浪——半路拐弯的风（副热带高压）

　　赤道上受热上升的空气自高空流向高纬，流动中会受到地转偏向力的影响。刚上升时，受地转偏向力的作用时间短，空气基本上是顺着气压梯度力的方向沿经圈（由赤道向两极）运动的。随着纬度的增加，地转偏向力作用时间长了，气流就逐渐向纬圈方向偏转，到 30°～35° N 附近，地转偏向力增大到与气压梯度力相等，此时在北半球的气流几乎成了沿纬圈方向的西风。从由南到北运动的南风，变成了由西向东的西风，半路拐弯了！故气流在 30°～35° N 上空堆积并下沉，使低层产生一个高压带，称为副热带高压带。赤道因空气上升形成赤道低压带，这就导致空气从副热带高压带分别流向赤道和高纬地区。其中流向赤道的气流，受地转偏向力的影响，在北半球成为东北风，在南半球成为东南风，分别称为东北信风和东南信风。这两支信风在赤道附近辐合，补偿了赤道上空流出的空气。

　　从赤道来的空气，在副热带高压改变了前进的方向，原本向两极的运动受到了阻碍，气流前进受阻，只能下沉，下沉气流因绝热压缩而变暖，造成很强的下沉逆温（正常地面大气温度高，逆温指地面温度低、高空下沉气流温度高的现象）。这是热浪产生的原因。

　　日最高气温达到或超过35℃时称为高温〔世界气象组织（WMO）定义〕，连续数天（3天以上）的高温天气过程称为高温热浪（也称为高温酷暑）。高温酷暑与副热带高压活动有密切关系。我国高温酷暑主要发生在华南、华东、华中等地区，尤其在长江中下游地区。过去著名的长江流

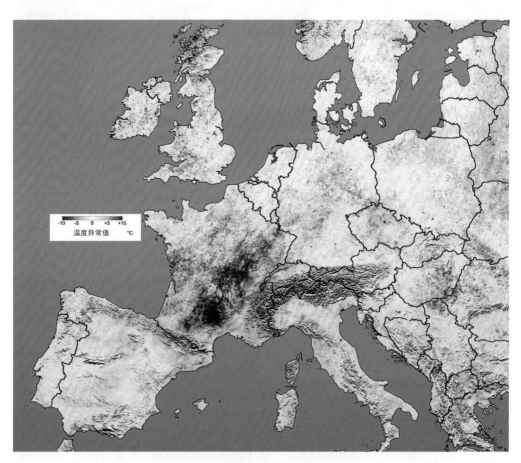

图 6.15　2003 年欧洲热浪（来源：NASA）

2003 年欧洲的热浪至少造成 35 000 人死亡。图中给出了与多年平均值相比，热浪时各地高温天气增温幅度的分布，可以看到，在欧洲的中部，大面积地区的温度较多年平均值高了 10℃

域"三大火炉"——南京、武汉和重庆，7月份高温天气通常会持续20多天。闽、浙、赣、湘、鄂、豫、苏、沪、皖、川东、黔东、陕南、粤、桂等地的日最高气温普遍达35～39℃，淮河及长江中下游不少地区的气温高达39℃，有的地区甚至超过41℃。

高温酷暑天气会对人们日常生活以及工农业生产产生巨大的影响（图6.15，图6.16）。高温酷暑会使用水、用电量激增，往往导致供电、供水设施的超负荷运转，容易引发供电、供水中断事故，极端高温事件又往往与特大干旱相伴而来，易引发大规模的火灾、粮食减产等。近年来，随着全球气候变暖以及城市化加速发展，高温酷暑灾害发生强度和频率呈现增长的趋势。近年来，原先比较凉爽的欧洲各国、美国、日本、中国等国家的中等纬度地区日趋炎热，高温热浪事件越来越多。美国的五大湖区、法国、英国、西班牙和我国华北都逐渐成为新的区域高温中心。西安、石家庄的炎热程度已不亚于重庆、武汉、南京等传统的"三大火炉"。

图6.16 热浪侵袭中的巴西里约热内卢海滨

🌐 6.6　全球气候变化

6.6.1
全球变暖

科学家们从地质记录、历史资料和近代仪器记录的资料中，发现自工业革命以来全球平均温度已升高 0.3 ~ 0.6℃（图 6.17）。

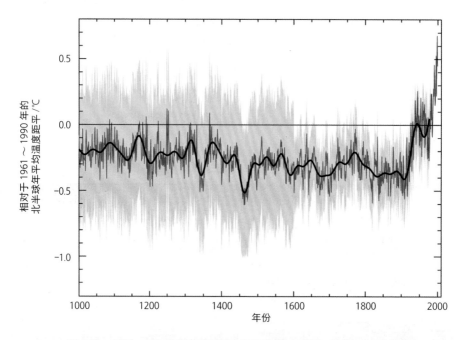

图 6.17　1000 ~ 1999 年北半球千年温度重建（来源：IPCC，2001）
0℃线是 1961 ~ 1990 年北半球年平均温度，蓝色表示通过树木年轮、冰芯等资料得到的数据（1000 ~ 1980 年），红色线表示器测记录（1861 ~ 2000 年），黑色的曲线是平滑过后的数据

观测资料显示，20 世纪是过去 1000 年中最温暖的 100 年，地球气候正经历一次以全球变暖为主要特征的显著变化，主要表现为海平面上升、雪山（图 6.18）和冰川（图 6.19）消融。

导致全球变暖的因素分为自然因素和人为因素两大类。自然因素往往是长时间叠加的影响，如太阳辐射、地球轨道变化等；人为因素包括人类向大气排放 CO_2 的增加、大面积砍伐森林等，导致森林吸收 CO_2 能力减少，

图 6.18 乞力马扎罗山雪峰 1970 年（上）和 2000 年（下）的积雪面积对比
[来源：过去全球变化研究计划（PAGES）报告，http://research.bpcrc.osu.edu/
Icecore/Kilimanjaro.html]

海拔 5896 m 的乞力马扎罗山是非洲最高的山，其高山雪峰更以独特的地理风貌著称。
对比两张图，可以看出在 30 年左右的时间内，乞力马扎罗山山顶积雪面积大幅度减少

图 6.19 1979 ～ 2017 年北极海冰的体积变化
（数据来自：美国国家冰雪数据中心）
2017 年海冰体积仅为 1979 年的 29%

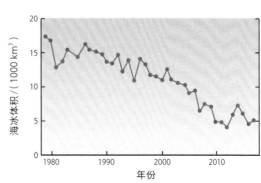

大气中 CO_2 增多。多数气候科学家认为，人类活动极有可能是导致近半个世纪全球变暖现象的主要原因。全球变暖问题引起了各国公众的密切注意（图 6.20）。

图 6.20　气候变化的冰雕行为艺术

（来源：https://www.collater.al/nele-azevedo-minimum-monument）

2009 年 9 月 2 日，巴西艺术家内尔·阿泽维多（Nele Azevedo）制作了 1000 个冰雕小人放置在柏林御林广场音乐厅的台阶上。冰雕小人形态各异，三三两两坐在一起。随着气温的升高，冰雕小人渐渐融化，直至消失。艺术家表示，活动意在提醒公众，人类命运和地球休戚与共，人类不是自然的主宰，而是大自然的一个组成部分

6.6.2
温室效应

任何物体都会向外辐射电磁波。物体温度越高，辐射的波长越短。太阳表面温度约 6000 K，它发射的电磁波长很短，称为太阳短波辐射。地面

在接受太阳短波辐射而增温的同时，也时时刻刻向外辐射电磁波。地球发射的电磁波长因为温度较低而较长，称为地面长波辐射。短波辐射和长波辐射在经过地球大气时的遭遇是不同的：大气对太阳短波辐射几乎是透明的，却强烈吸收地面长波辐射。因此太阳短波辐射可顺利到达地面，地表受热后向外放出的大量长波热辐射线却被大气吸收，这样就使地表与低层大气温度增高，因其原理类似于栽培植物的温室，故名温室效应（又称花房效应）（图6.21）。

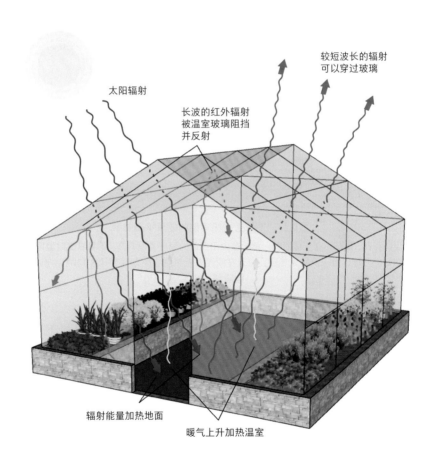

图 6.21　温室的原理

在温室中，短波的阳光（紫色）能透过花房周围的玻璃，室内的长波辐射（棕色）却逃不出去。地球表面大气中的一些气体的功用和温室玻璃有着异曲同工之妙，都是只允许太阳光（短波）进，而阻止其反射（长波）出去，从而实现保温、升温作用，因此被称为温室气体

　　自工业革命以来，人类向大气中排入的 CO_2 等温室气体逐年增加，大气的温室效应也随之增强，其引发的一系列问题已引起了世界各国的关注。

　　早期，没有人重视太阳辐射的能量平衡关系，很少过问地球是如何获取热量的。1820 年，法国的约瑟夫·傅里叶（Joseph Fourier）对热传递开展研究，他在论文《地球及其表层空间温度概述》（1824）中得出的结论是：太阳辐射到地球的短波能量（100%），30% 被反射回去，70% 转化为地球向外辐射长波能量。这就是地球上太阳辐射的能量平衡关系（图 6.22）。

图 6.22　地球上太阳辐射的能量平衡关系

因为大层的存在，地球不至于像月球一样，被太阳照射时温度急剧升高，不见日光时温度急剧下降。我们所熟知的月球，由于没有大气层，白天在阳光垂直照射的地方温度可达 127℃，而夜晚温度却能降到 –183℃

　　尽管地球确实将大量的热量反射回太空，但大气层还是拦下了其中的一部分并将其重新留在了地球表面。从地球上太阳辐射的能量平衡关系可以看出，如果没有大气，地球向外辐射的长波能量完全达到 70%，地表平均温度就会下降到 –23℃，而实际地表平均温度为 15℃，这就说明地球大气层使向外辐射的能量不到 70%，给地球留下了一部分，从而使地表温度提高到 15℃。地表辐射的能量被困在大气中，无法逃离地球，这部分能量返回到地表被重新吸收。

　　大气中的一些气体，可以阻止地球热量的散失，使地球发生可感觉到的气温升高，这就是有名的"温室气体"。大气中主要的温室气体是水汽

（H₂O），水汽所产生的温室效应大约占整体温室效应的 $60\%\sim70\%$，其次是二氧化碳（CO_2），大约占了 26%，其他的还有甲烷（CH_4）、臭氧（O_3）、全氟碳化物（PFCs）等。这些温室气体在大气中含量很少，例如大气中 CO_2 的含量仅有 360 ppm[①]，非常之少，但温室作用影响却不小（图6.23）。也正因为如此，人为释放如不加限制，即使少量的温室气体，也很容易引起全球迅速变暖。

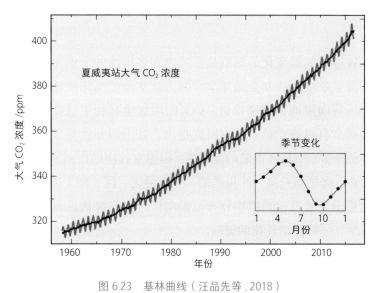

图 6.23　基林曲线（汪品先等，2018）

基林（Charles Keling，1928～2005）从 1958 年开始在夏威夷的高山上进行连续测量，结果发现空气中的 CO_2 浓度有昼夜和季节的升降，同时还有逐年上升的趋势。图中给出的是夏威夷上空 CO_2 浓度的基林曲线（1958～2022）。现在温室效应成为了人类最大的生态担忧。这根著名的"基林曲线"成了人类实测 CO_2 唯一最长的纪录。基林因此获得了美国国家科学奖

　　水汽是大气中最丰富的温室气体，是温室效应的最大总体贡献者。然而，大气中几乎所有的水汽都来自于自然过程。人类排放的水汽的量非常少，因此与人类关系不大。

　　自然界在排放着各种温室气体的同时，也在吸收或分解它们。从天然森林来看，CO_2 的吸收和排放基本是平衡的，但人类活动导致的温室气体的排放量却不断增加。1750 年之前，大气中 CO_2 含量基本维持在 280 ppm，

---

① 1ppm = 10^{-6}。

现已上升到近 360 ppm。许多学者预测，到 22 世纪中叶，世界能源消费的格局若不发生根本性变化，大气 CO_2 的浓度将达到 560 ppm，全球平均温度可能上升 1.5～4℃。

 与"温室效应"对应，会有"冰箱效应"吗？

温室效应对气候变化的影响是多尺度和多层次的，正面影响和负面影响并存，温室效应也并非全是坏事。因为最寒冷的高纬度地区增温最大，因而农业区将向极地大幅度推进。CO_2 的增加也有利于植物的光合作用，从而直接提高有机物产量。还有研究指出，在中国和世界历史中，繁荣时期多是降水较多、干旱区退缩的温暖期。但温室效应的负面影响更受关注，如气候异常、海平面升高、冰川退缩、冻土融化、河（湖）冰迟冻与早融、中高纬生长季节延长、动植物分布范围向极区和高海拔区延伸、某些动植物数量减少、一些植物开花期提前。

人为因素减缓气候变暖的措施大致有两个方面：控制温室气体的排放和增加温室气体的吸收。

6.6.3
全球气候变化

尽管还存在一些不确定因素，但气候变化会使人类付出巨额代价的观念已为世界所广泛接受，全球气候变化已成为被广泛关注和研究的全球性环境问题。大多数科学家仍认为及时采取措施预防全球气候变化带来的影响是必需的。为了控制温室气体排放和气候变化危害，1992 年联合国大会通过《联合国气候变化框架公约》（United Nations Framework Convention on Climate Change，UNFCCC），终极目标是将大气中温室气体浓度维持在一个稳定的水平。

《联合国气候变化框架公约》将因人类活动而改变大气组成的"气

候变化"与归因于自然原因的"气候变率"区分开来，并认为气候变化有90%以上的可能是人类的责任，人类今日所做的决定和选择，会影响气候变化的走向。今日，地球比过去两千年都要热，如果情况持续恶化，21世纪末，地球气温将攀升至二百万年来的高位。

2015年12月12日，在巴黎召开的气候大会（COP21）上，190个缔约方签订了有史以来首个具有普遍性和法律约束力的全球气候变化协定——《巴黎协定》（The Paris Agreement），《巴黎协定》是对2020年后全球应对气候变化的行动做出的统一安排。《巴黎协定》的长期目标是将全球平均气温较前工业化时期的上升幅度控制在2℃以内，并努力将温度上升幅度限制在1.5℃以内，协议于2016年11月4日起正式实施。

联合国政府间气候变化专门委员会（Intergovernmental Panel on Climate Change，IPCC）是世界气象组织（World Meteorological Organization, WMO）和联合国环境规划署（United Nations Environment Programme, UNEP）在1988年联合设立的科学技术咨询评估学术组织。IPCC既不从事研究，也不监测与气候有关的资料或其他相关参数，其主要活动是定期对气候变化科学知识的现状、气候变化对社会和经济的潜在影响以及适应和减缓气候变化的可能对策进行评估。2021年，IPCC发布了最新的第六次评估报告。

IPCC在对气候变化的科学认识评估中提到：目前主要有两方意见，一方认为气候变暖是人类活动结果；另一方认为判断自然因素和人类活动因素对气候变暖的影响孰大孰小，还需要有更多的数据和更长期的观测。地球演化史上曾经多次发生变暖—变冷的气候波动，许多次变暖是在没有人类活动的情况下发生的。而且，一次大型的火山爆发喷出的 CO_2 远比人类千百年释放的还要多得多。

2007年3月8日英国广播公司播出了纪录片《全球暖化大骗局》（图6.24），以全然迥异于当前主流观点的态度，讨论全球暖化的议题。这部影片不断鼓吹"暖化现象并非人类活动所致"的说法，并访问多名气候学家，最后结论认为太阳活动可能才是暖化的主因。

全球变化问题，涉及人类社会的未来，引起了各国政府、政治家、科学家、社会公众的高度重视，2021年IPCC的报告综合了对气候变暖的两种不同的意见。由于人类对于自然界发展的脆弱性的科学认知水平也有待提高，引起了对全球变化问题的高度关注和深入研究。

图 6.24 两部气候变化的纪录片

《难以忽视的真相》（An Inconvenient Truth）于 2006 年 1 月 24 日上映，并于 2007 年
2 月 26 日获第 79 届奥斯卡金像奖最佳纪录片奖，3 月 8 日，英国 BBC 电视台播出了纪
录片《全球变暖的大骗局》（The Great Global Warming Swindle）

第七章

洪水和干旱

　　水对地球上的生物至关重要，水和生命是息息相关的。一个 50 kg 的成年人，32.5 kg 的重量是水。一个人可以绝食一周甚至数十天只饮水而不死，但如果滴水不进，生命很快就会停止。对人类来说，水不仅不能断绝，而且少一点儿也不行。但是水又不能太多，如果日日夜夜倾盆大雨，山洪暴发，江河泛滥，这将是什么景象？水还不能脏，如果江河湖海都遭污染，不能喝、不能用，水产灭绝，植物枯萎，世界的末日也就来到了。1997 年国际减灾日主题是：水，太多、太少——都会造成自然灾害。

🌐 7.1　洪　水

　　人类对于洪水的认识最早可以追溯到"大禹治水"和"诺亚方舟"的传说。"大禹治水"是在尧舜时代，中国经历一场空前的洪水浩劫，洪水淹没了黄河和江淮流域的大部分地区，禹吸收了父亲鲧的治水教训，变围堵为疏导，治水终于取得了成功（图 7.1）。西方世界中最著名的古代洪水传说是"诺亚方舟"（图 7.2）。据《圣经·旧约》记载，上帝见人在地上罪恶很大，后悔造人，心中忧伤，就计划用洪水将所造的人和走兽、昆虫、飞鸟都从地上除灭，因诺亚是个义人，上帝就让诺亚用歌斐木造一艘上中下三层的

图 7.1　尧舜时代，曾遭遇空前的洪水浩劫，禹变围堵为疏导，治水成功

图 7.2　亚拉腊山上的"诺亚方舟"（西蒙·德·米尔绘于 1570 年）

方舟，带着妻子、三个儿子和儿媳进入方舟，并把飞鸟、畜类、昆虫一对一对有公有母带上方舟躲避洪水，大雨降了四十昼夜，大地洪水泛滥，天下的高山都淹没了，而诺亚他们躲过洪水，存活了下来。

中国的"大禹治水"和西方的"诺亚方舟"，有可能是在史前时期，地球上确实发生过一次历史性的、全球性的大洪水，几乎毁灭了刚刚萌芽的人类文明，而后由先人到后辈，一代代口述流传下来，成为洪水影响人类生活的最古老的传说。东西方民族有如此惊人的相似内容，恐怕很难说成"纯属巧合"。实际上，人类的文明史是和洪水史、治水史同时开始的。

7.1.1
洪水的类型

在正常情况下，水会在河道内流动，但流动的水量往往并不一样，当水流突然增加，河道不能容纳时，洪水便会溢出河道，形成洪水。常见的洪水有多种类型。

暴雨洪水：雨水是洪水最重要的来源。如果降雨量很多，而又持续一段长时间的话，便可能出现洪灾。相对其他类型的洪水而言，暴雨洪水一般强度大、历时长、面积广。我国绝大多数河流的洪水都是由暴雨产生的，且多发生在夏秋季节，发生的时间由南往北推迟。

2021 年 7 月 19～21 日，河南郑州等地接连出现历史罕见的极端、短时强降雨，引发特大暴雨洪涝灾害。降雨量达 617.1 mm，以郑州全市总面积 7446 km² 进行计算，这三天共降下了 459 490 万 km³ 的水量。以杭州西湖库容量约为 1448 万 km³，也就是说，这三天的降水量，约等于将 317 个西湖倒进了郑州。此轮特大暴雨洪涝灾害破坏性极强，郑州等多个城区出现大面积淹水，发生大面积断电、停水，铁路、公路、民航、电力、通信、城市公共交通等受到严重影响（图 7.3）。据评估，此次特大暴雨洪涝灾害共造成河南省

图 7.3　郑州暴雨前后一段公路对比图
（来源：才扬 / 新华社）

2021 年 7 月，郑州暴雨，千年一遇，三天下了以往一年的雨

1478.6 万人受灾，因灾死亡失踪 398 人，直接经济损失约 1200.6 亿元。

山洪： 河流的上游多在山区，发生暴雨时，上游洪水咆哮而下，形成了常说的山洪。2005 年 6 月 10 日，一场 200 年一遇的强降雨发生在黑龙江

图 7.4　2005 年 6 月黑龙江宁安市沙兰镇突发洪水
（来源：Newsphoto，新京报）

省宁安市的山区，沙兰河上游在 40 分钟内降雨量达到 150～200 mm，瞬间形成巨大山洪，袭击了地处低洼的沙兰中心小学，高达 2 m 的洪水从门、窗同时灌进教室。当时 300 多名师生正在上课，部分师生被淹死或闷死在教室里（图 7.4）。

融雪洪水： 雪是洪水的第二大来源，融雪洪水是漫长的冬季积雪或冰川在春夏季节随着气温的升高融化而形成的，若前一年冬季降雪较多，而春夏季节升温迅速，大面积积雪的融化便会形成较大洪水（图 7.5）。我国的融雪洪水主要发生在东北和西北的高纬度山区。

冰凌洪水： 又称凌汛，是地处较高纬度地区河流的特有水文现象，多发生在低纬度流向高纬度的河段。大量冰凌阻塞形成的冰塞或冰坝拦截上游来水，导致上游水位壅高，而当冰塞溶解或冰坝崩溃时，河道蓄水迅速下泄形成洪水。除加固堤防外，预防冰凌洪水通常还需要通过轰炸破冰等手段来疏通河道（图 7.6）。

溃坝洪水： 1975 年 8 月 4 日，3 号台风在福建登陆，以罕见的强劲势头直入河南省淮河上游的丘陵腹地，这里有顿河、北汝河、沙河、洪河、汝河等河流，兴建有上百座山区水库，台风带来了倾盆大雨，强度令人难以置信，降雨中心雨量达 1631 mm，6 个小时降雨量达 830 mm，达世界纪录——不幸的世界纪录。老乡说：“雨像盆子里的水倒下来一样，对面三尺不见人”（钱刚和耿庆国，1999）。在林庄村，雨前鸟雀遍山冈，雨后虫鸟绝迹，死雀遍地。

图 7.5　被洪水围困的房子（来源：John Woods/The Canadian Press）

美国红河源自美国明尼苏达州西部的冰川湖，向北流到加拿大温尼伯湖，流域面积 7 万 km²，盛产小麦。2015 年 3 月，春季融雪水位不断上升，红河流域基本被淹，只剩下高地上的少数房屋，这场百年不遇的洪水，使 10 万人受灾

图 7.6　黑龙江的冰面上的冰凌爆破

（来源：褚福超 / 视觉中国）

2017 年 4 月 11 日，派出所官兵在漠河北极村中俄边境黑龙江的冰面上实施冰凌爆破，防止开江期间界江险段形成冰坝，避免"倒开江"引发凌汛

板桥、石漫滩两座大型水库及一大批中小水库溃坝失事，洪水的前沿形成一道高高的水墙席卷而下，大型拖拉机被冲到数百米外，合抱的大树被连根拔起，巨大石碾被举在浪峰。1个小时后，洪水冲进 45 km 外的遂平县，城中 40 万人半数漂在水中，一些人被途中的电线勒死，一些人被冲入涵洞窒息而死，更多的人在翻越京广铁路高坡时坠入旋涡淹死。洪水将京广铁路的铁轨拧成麻花状，京广铁路被冲毁 102 km，运输中断 18 天。短短5 个小时后，库水即泄尽。汝河沿岸的土地被刮地三尺，田野上的黑色熟土悉被刮尽，遗留下一片令人毛骨悚然的鲜黄色。原来修建的一些水利工程现在反变成影响洪水外泄的障碍。河南省委书记在北京汇报时含泪说了一句"河南只有一个请求，炸开阻水工程，解救河南人民"。两座水库大坝瞬时溃决的原因和教训，首先是设计时水文资料的严重欠缺，抗洪标准过低，其次是对山区的土坝不能抗御漫坝洪水这一特点认识不足。

2018 年 7 月 24 日，老挝东南部一座水电站大坝发生倒塌，造成超过6600 人无家可归，数百人失踪，死亡人数不详（图 7.7）。

图 7.7　2018 年老挝阿速坡省一村庄被溃坝洪水淹没（来源：ABC Laos News Handout/EPA）

地震形成的堰塞湖一旦溃决，也会形成类似的洪水。这种堰塞湖溃决形成的洪水的损失，有时比地震本身所造成的损失还要大。

根据历史文献，从公元前 206 年至 1949 年的 2155 年中，我国各地发生较大的洪水灾害 1092 次，平均约每两年发生 1 次。比较严重的洪水事件如下：

（1）1931～1932年汉江大水：受灾面积150.9万公顷，1003万人受灾，死亡14.2万人。

（2）1938年黄河决堤：为阻止日军前进，花园口黄河大堤被炸，这为保卫武汉争取了时间，但同时也淹没了河南、皖北、苏北的大片土地，受灾死亡人数无法统计，千百万人流离失所。

（3）1954年长江大水：汉口水位超出1931年决堤水位2.8 m，经全力抢护，保住了重点堤防和武汉市的安全，但受灾农田仍达317万公顷，受灾人口约1800万。

（4）1963年海河洪灾：海河南部遭遇洪水，主要暴雨达700～1500 mm，中心河北省内丘县獐么村7天降雨量达2050 mm，累计受灾人口2200万。

按洪水的大小，可对洪水灾害进行分级：小洪水（小于5年一遇）、中洪水（5～20年一遇）、大洪水（20～50年一遇）与特大洪水（大于50年一遇）。全世界约有1150万km²的土地，23亿人口受到严重的洪水的威胁，中国、孟加拉国是世界上洪水灾害最频繁的地方，美国、日本、印度和欧洲也较严重。

7.1.2
黄河洪水

黄河发源于青海省巴颜喀喇山北麓，全长5464 km，流域面积75万km²，黄河河水灌溉着两岸广大土地，孕育出中华文明，人们亲切地称其为母亲河。同时黄河又是一条著名的灾难河，黄河在2000年内决口成灾1500多次，水灾波及范围达25万km²。1117年黄河决口淹死百余万人。1642年黄河决口，水淹开封城，全城37万人中有34万人淹死。

黄河上游流经黄土高原，干流和支流中的滚滚黄水不断冲刷肥沃的黄土，挟带着黄土奔向下游，沉积在下游和河口。北起天津、南达淮河的广大冲积平原（黄淮海平原）都是黄河淤积形成的。黄河一出山区，实际上就没有固定河道，而在这广阔的大三角洲中摆动奔流，历史上已发生过多次大改道。

生活在大平原上的人民不得不在黄河两岸修建堤防，希望将它的行水道固定下来。西周时，黄河堤防已具规模，战国时更已连绵百里。但由于上游泥沙源源而下，河道不断淤高，两岸大堤被迫也加高，形成"水涨船高"的恶性循环，最后河床高出地面成为"地上悬河"（图 7.8）。恶性循环的结果是在发生特大洪水时，滚滚狂洪终将摧毁束缚它的大堤，扑向两岸，横扫一切，泛滥成灾，并自然地形成新的河道，人们如无法迫使它回归故道，就只能在新河道两侧再次修堤约束，进入新的恶性循环。这样周而复始，黄淮海平原上留下许多黄河故道和大堤遗迹。

图 7.8　束缚着"地上悬河"的黄河大堤（来源：殷鹤仙 / 中国国家地理）

含沙量大的黄河，到了河谷开阔、比降不大、水流平缓的河段，泥沙大量沉积，河床不断抬高，水位相应上升，为防止水害，两岸大堤亦随之不断加高，日久天长，河床高出两岸地面，便成为"悬河"。黄河下游每年大约有 4 亿 t 泥沙淤积于下游河道，河床逐年升高，使黄河下游成为世界上著名的"悬河"，此为开封北郊柳园口的"悬河"景观

现在黄河下游两岸防洪堤总长已近 2000 km，经历了四十多年大汛考验。但开封附近，河道平均高出城市地面 11 m，新乡市处高出 20 多米，济南市区设防水位高出地面 10 m，悬河形势十分严峻。已修建的小浪底水利枢纽，将带给我们一段稳定的机会，但解决黄河的防洪和排沙问题仍将是我们长期研究和奋斗的目标。

7.1.3
长江洪水

　　长江是我国第一大河。源头海拔高达 5400 m，干流全长 6397 km，流域面积大部分处于亚热带季风气候区，温暖湿润，多年平均降水量达1100 mm，年平均入海水量近 1 万亿 m³，占中国河川径流总量的 36% 左右，水量居世界第三位，仅次于亚马孙河和刚果河，约为黄河水量的 30 倍。

　　长江在 1300 多年间发生水灾 200 多次。1931 年自沙市至上海沿江城市多被水淹，武汉市受淹近百日，沿江受灾人口 2850 万人，死亡 14.5 万人（图 7.9）。

图 7.9　1931 年洪水淹至汉口邮务管理局

武汉三镇淹没水中达两月之久，受灾 16 万户 78 万余人，待救济灾民 23 万多人。
武汉遭此重创，逐渐由盛转衰

　　1954 年 6 月中旬，长江中下游发生三次大暴雨，暴雨强度大、面积广、持续时间长，直至 7 月底流域内每天均有暴雨出现，由于在上游洪水未到之前，中下游湖泊洼地均已满盈，以致上游洪水东下时，宣泄受阻，形成了 20 世纪以来的又一次大洪水。百万军民奋战百天，为了保"帅"，只得弃"车"，动用了荆江分洪区和一大批平原分蓄洪区，丰收在望的四大分洪区顷刻化为一片汪洋，飞机船只紧急出动援救被困灾民。虽保住了武汉、黄石等重点城市免遭水淹,但洪灾造成的损失仍然十分严重。十余座中小城市埋于水底,淹没的良田、建筑、工矿油田、铁路公路不计其数,武昌、汉口被洪水围困百日之久,京广铁路100天不能正常通车。

长江上游,大面积的森林砍伐、水土流失,导致河流泥沙量增加;长江下游,湖群消失,这些是长江流域水灾愈来愈频的重要的原因。19世纪初,洞庭湖面积还曾广达6000 km²,1949年仍有4350 km²,然而从1949年到现在,每年淤积在湖内的泥沙达1.5亿t,加上大面积的围湖造田,到1984年洞庭湖的总面积仅剩下2145 km²;同样40年中,鄱阳湖湖面也缩小了1/5以上。长江中下游的湖泊星罗棋布,容纳七百多条大小河流,与长江形成了一个和谐的整体,但泥沙淤积和围湖造田后,使湖群面积剧烈缩减,调节洪水的功能减弱。

在最近的100年里,长江全流域的特大洪水主要发生在1931年、1954年、1998年,把这些年份与太阳黑子年份进行对比,发现洪水年都在太阳活动极小年附近。其中有一个太阳活动极小年在1976年,虽然那年没有特大洪水,但1975年台风导致的特大暴雨引发了河南驻马店水库溃坝事件。

7.1.4
1993 年密西西比河大洪水

密西西比河是美国最大的河流,同时也是北美洲最长的河流,全长为6021 km,流域面积约310万 km²,仅次于南美洲的亚马孙河和非洲的刚果河,是长江流域的两倍,整个水系流经美国本土48州中的31个州,被美国人称为父亲河。

密西西比河曾发生重大洪灾36次,平均3年就有1次。1993年春天,大雨给密西西比河带来了新的水位高度,水位超越了防洪堤,击破水坝,对整个美国中西部造成了严重破坏。洪水淹没面积达41 000 km²,河流停航2个月,许多水库蓄水量达到历史记录水位(图7.10)。

就洪水规模而言,1993年洪水是20世纪美国历史上造成损失最大的一场洪水,受灾范围波及艾奥瓦及伊利诺伊、密苏里、明尼苏达、内布拉斯加、北达科他、南达科他、威斯康星和堪萨斯九个州,超过美国本土面积15%。灾后,美国进行了预防重复灾难的努力,从而导致了重大的政策改变。

2008年，当洪水再次袭来的时候，改进后的防洪系统经受住了严峻的考验，大大降低了密西西比河沿河城镇的损失。

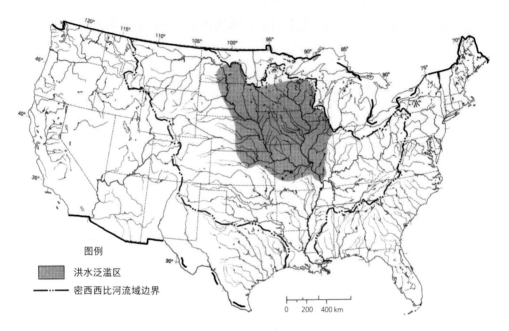

图 7.10　1993 年美国密西西比河大洪水发生范围（图中灰色区域）（来源：USGS）
洪水淹没面积达 41 000 km²，河流停航 2 个月

7.1.5
冲积平原

世界各大文明的发展都和洪水有着密切而又微妙的关系。华夏民族赖以建立的重要原因在于黄河流域的洪水，正是黄河频繁暴发的洪水把散落在华夏大地上的部落逐渐团结在一起。尼罗河每年 6 ～ 10 月定期的洪水泛滥，淹没了河岸两旁的大片田野，却给尼罗河流域带来了肥沃的土壤，埃及就在这样的土地上创造出了辉煌的埃及文明，所以人们说"埃及是尼罗河的赠礼"（图 7.11）。印度文明也离不开印度河与恒河的滋润，

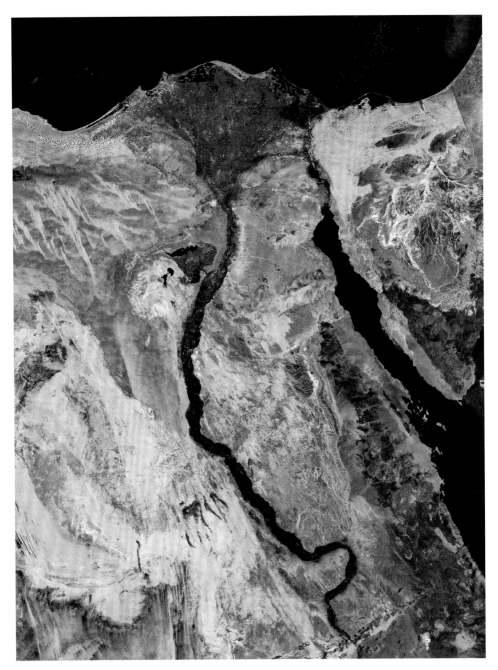

图 7.11　埃及水源几乎全部来自尼罗河

尼罗河（River Nile）发源于埃塞俄比亚高原，流经布隆迪、卢旺达、坦桑尼亚、乌干达、肯尼亚、扎伊尔、苏丹和埃及九国，全长 6700 km，是非洲第一大河，尼罗河每年 6 ～ 10 月定期的洪水泛滥、河流冲积形成的尼罗河三角洲，面积 2.4 万 km^2，是埃及人口最稠密、最富饶的地区，人口占全国总数的 96%，可耕地占全国耕地面积的 2/3

4000～5000年前，人们利用河流充沛的河水与一年两季的洪水，奠定了印度文明繁荣的基础。

　　冲积平原（alluvial plain）是由河流沉积作用形成的平原地貌（图7.12，图7.13）。在河流的下游，水流没有上游急速，上游被侵蚀的大量泥沙到了下游后，因流速不足以携带泥沙，泥沙便沉积在下游。尤其当河流发生水浸时，泥沙在河的两岸沉积，冲积平原便逐渐形成。

图7.12　黄河入海口的卫星影像图（2009年）

黄河发源于青藏高原巴颜喀拉山北麓，流入渤海，全长5464 km，流经青海、四川、甘肃、宁夏、内蒙古、陕西、山西、河南、山东九省区。黄河几乎周期性地泛滥，一面夹带着泥沙，一面又造成广阔而肥沃的冲积平原。正是在这片黄色的原野，我们的先民创造了辉煌灿烂的旱作农业文化。黄河是中华民族的摇篮，也是中华民族的母亲河，古代文化中有许多关于黄河的诗词歌赋，如李白《将进酒》中的"君不见黄河之水天上来，奔流到海不复回"，李白说"黄河之水天上来"是对的，但"奔流到海不复回"却不完全对，因为海水蒸发后还会重返天上

图 7.13 湄公河入海口的卫星影像图

湄公河发源于中国青海，在我国境内名为澜沧江。经云南出境后流经缅甸、老挝、泰国和柬埔寨后，在越南南部流入南中国海。湄公河下游及其 9 条岔道流入南海时所形成的冲积平原，称为湄公河三角洲，是越南第一大平原，面积约 4.4 万 km²（其中 1/5 属于柬埔寨），平均海拔不到 2 m，多河流、沼泽。越南南方 60%～70% 的农业人口集中于此，是越南稻米生产的主要产地，也是东南亚著名的产米区之一

🌐 7.2 干 旱

水多，会引发洪水灾害；水少，会引发旱灾和森林大火。因此，1997年国际减灾日主题是：水，太多、太少——都会造成自然灾害。

年降水量少于 200 mm 的地区称为干旱地区。世界上干旱地区约占全球陆地面积的 25%。干旱（drought）是在足够长的时期内，因降水量严重不足，河川流量减少，破坏了正常的作物生长和人类活动的灾害性天气现象，干旱是一个长期存在的世界性难题，全球干旱半干旱地区约占陆地面积的

35%，遍及世界60多个国家和地区。在各类自然灾害造成的总损失中，气象灾害引起的损失占一半以上，而干旱又占气象灾害损失的相当大一部分。值得注意的是，随着人类的经济发展和人口膨胀，水资源短缺现象日趋严重，这也直接导致了干旱地区的扩大与干旱化程度的加重，干旱化趋势已成为全球关注的问题。

7.2.1
旱灾

需要注意的是，并不是所有的干旱都引起旱灾，一般地，只有在正常气候条件下水资源相对充足，较短时间内由于降水减少等原因造成水资源短缺，且对生产生活造成较大影响时，才可以称为旱灾。例如中国北方地区属于半湿润区，其春季夏季的干旱对其农业生产造成巨大影响，可以称作旱灾（图7.14）。而我国西北大陆性气候区，其气候特征是常年降水少，

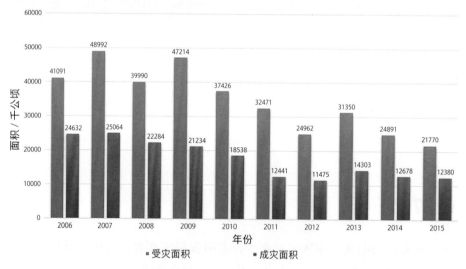

图 7.14　中国旱灾受灾和成灾直方图（国家统计局，2016）

1公顷=15亩，1千公顷=1.5万亩，全国耕地面积接近20亿亩，当我国每年受灾面积约30 000千公顷（4.50亿亩）时，占全国耕地面积近22%，每年成灾面积为1000万公顷（1.5亿亩）时，占全国耕地面积近7.5%。由此可见，干旱是危害农牧业生产的第一灾害，干旱还导致生态环境进一步恶化

气候干旱，人们已经习惯了其干旱的气候，所以此地一般的干旱不能称作旱灾。

20世纪内发生的"十大灾害"中，旱灾却高居首位，有5次，它们是：

（1）1920年，中国北方大旱。山东、河南、山西、陕西、河北等省遭受了40多年未遇的大旱灾，灾民2000万，死亡50万人。

（2）1928～1929年，中国陕西大旱。陕西全境共940万人受灾，死者达250万人，逃难者40余万人，被卖妇女竟达30多万人。

（3）1943年，中国广东大旱。许多地方年初至谷雨没有下雨，造成严重粮荒，仅台山县饥民就死亡15万人。有些灾情严重的村子，人口损失过半。

（4）1943年，印度、孟加拉国等地大旱。无水浇灌庄稼，粮食歉收，造成严重饥荒，死亡350万人。

（5）1968～1973年，非洲大旱。涉及36个国家，受灾人口2500万人，逃荒者逾1000万人，累计死亡人数达200万以上。仅撒哈拉地区死亡人数就超过150万。

在以上5次世界性特大旱灾中，我国占有3次，均发生在新中国成立前。

造成干旱的原因既与气象等自然因素有关，也与人类活动及应对干旱的能力有关。

气象原因：长时间无降水或降水偏少等气象条件是造成大面积干旱的主要因素，而地形地貌条件是造成区域性旱灾的重要原因。

人口因素：由于人口持续增长和当地社会经济快速发展，生活和生产用水不断增加，造成一些地区水资源过度开发，超出当地水资源的承载能力，干旱发生时也往往加重旱灾。

水源条件与抗旱能力不足：旱灾与因水利工程设施如水库、水井不足带来的水源条件差也有很大关系。

7.2.2
澳大利亚大火

　　每年春夏之交，南半球的澳大利亚都会迎来火季。但澳大利亚 2019 年 9 月发生的大火与往年不一样，整整燃烧了 4 个多月，2500 间房屋坍塌成废墟，10 万 km² 的土地被炙烤，几乎三分之一的澳大利亚大陆被浓白的烟雾覆盖。干旱和高温是造成此次林火蔓延的重要原因，2019 年是澳大利亚有记录以来最干旱的一年，而 2019 年 12 月 17 日是澳大利亚有史以来最热的一天，全国平均气温高达 40.9℃。

　　遭遇大火时，人员可以撤离，但野生动物不能。悉尼大学发布的报告显示，澳大利亚全国有 10 亿只动物被大火波及，至少 5 亿只动物在火灾中惨死。超过 2 万只澳大利亚国宝袋鼠在大火中死亡，三分之一的考拉丧生（图 7.15）。此外，被大火烧毁的植物和植被也在较长时间内难以恢复。

图 7.15　澳大利亚大火中受害的生物（来源：Rohan Kelly/News）
据生态学家估计，2019 年 9 月起延续 4 个多月的澳大利亚大火造成至少 5 亿只动物在火灾中惨死大量被烧焦的袋鼠和牛、羊等牲畜的尸体，躺在道路的两侧

🌐 **7.3　防洪抗旱工程**

洪水灾害和干旱灾害的产生，有自然因素，也有人为因素，如乱砍滥伐、水土流失、与水争地、围湖造田、城市地面硬化。洪水和干旱都是不以人的意志为转移的自然现象，根治的想法是不现实的。但在减灾方面，人为因素也能发挥积极的作用，如减轻干旱灾害的做法就主要有：兴修水利，发展农田灌溉事业；植树造林，改善区域气候，减少蒸发，降低干旱风的危害；合理用水，研究应用现代技术和节水措施，如人工降雨、喷滴灌、地膜覆盖，以及暂时利用质量较差的水源，包括劣质地下水以至海水等。此外要注重减灾工程措施的建设。

7.3.1
修建水库

修建水利工程可以有效减轻洪水和干旱灾害。水库和分洪工程可以在水多时，将洪水拦住和分散，在水少时，向下游排出和补充。大型的调水工程不但有利于水资源合理的地理分布，而且有利于促进区域性经济的发展。

1918年，孙中山在《建国方略》中提出了建设三峡工程的原始设想："当以水闸堰其水，使舟得溯流以行，而又可资其水力"。1994年12月，三峡工程正式开工。2009年，长江三峡工程全部竣工。175 m 正常蓄水位高程，总库容393亿 m³，形成总面积达1084 km² 的人工湖泊，为长江流域的航运、供水、生态、发电等需求提供有力保障（图7.16）。

纳赛尔水库设计年发电量100亿 kW·h，不仅供应了埃及一半的电力需求，而且解决了尼罗河洪水对埃及的威胁（图7.17）。1970年水库建成，80年代苏丹和埃塞俄比亚因为干旱导致大规模饥荒，但埃及因为有这个大坝，丝毫没有受到影响，从而避免了一场又一场的灾难。不过，水坝也对尼罗河沿岸生态环境造成了一定的破坏。由于尼罗河下游每年一次的泛滥没有了，使得下游和入海的泥沙大大减少，下游土壤肥力不断下降，致使农业减产。尼罗河三角洲的海岸线受海水侵蚀不断向后退缩，不少地方被海水淹没了，造成入海口产卵的沙丁鱼已经绝迹。

图 7.16　长江三峡水库大坝（来源：杜华举 / 新华社）

全长约 3335 m，坝顶高程 185 m，三峡水电站装机容量达到 2240 万 kW，2012 年 7 月 4 日成为全世界最大的水力发电站，具有年均 1000 亿 kW·h 的发电能力，以及 5000 万 t 的航运能力，而且其 393 亿 m³ 的防洪库容，在长江防洪体系中发挥巨大的作用

图 7.17　阿斯旺大坝卫星影像图（来源：NASA）

1960 ～ 1970 年，埃及在尼罗河上修建了阿斯旺大坝，建坝使用的花岗岩，相当于著名的胡夫金字塔的 17 倍。大坝将世界第一长河尼罗河拦腰截断，蓄水形成的纳赛尔水库水深二十多米，水域面积达到了 5000 多平方千米

胡佛水坝（Hoover Dam）是美国科罗拉多河（Colorado）上的水坝，在世界水利工程行列中占有重要地位。大坝修建于 1931 ～ 1936 年美国经济困难时期，以当时的总统胡佛的名字命名。坝高 221.4 m，大坝形成的水库叫米德（Mead）湖，总库容 348.5 亿 m^3，水电站装机容量为 208 万 kW，具有防洪、灌溉、发电、航运、供水等综合效益（图 7.18）。

图 7.18　胡佛水坝（来源：美国垦务局）

7.3.2
分洪工程

都江堰水利工程是我国乃至世界历史上水利工程的典范，它用事实证明了在正确的洪水自然观指导下，工程措施是减轻洪水灾害的有效方法（图 7.19）。

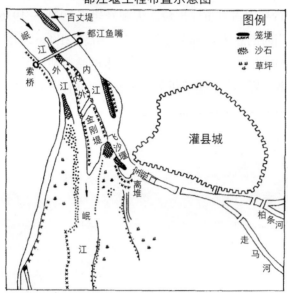

都江堰工程布置示意图

图例
- 笼埂
- 沙石
- 草坪

图 7.19 都江堰工程（来源：Pixabay）

我国古代著名的水利工程，位于四川省岷江上游，公元前 256 年由蜀郡太守李冰主持修建。工程有鱼嘴、飞沙堰和宝瓶口三个匠心独运的设计。都江堰不仅消除了水患，而且发展了灌溉和航运，使灾害频繁的成都平原变成了旱涝保收的天府之国

都江堰位于四川成都平原西部的岷江上。岷江是长江上游最大的支流之一，贯穿成都平原，是古代蜀地的重要河流。都江堰修筑前，岷江水害严重，每年夏秋汛期，洪水大至，泛滥成灾，汛后又河干水枯，形成旱灾，百姓苦不堪言。

　　秦昭王五十一年（公元前256年），蜀郡太守李冰主持修建了闻名中外的都江堰水利工程，不仅消除了水患，而且发展了灌溉和航运，使灾害频繁的成都平原变成了旱涝保收的天府之国，创造了一个奇迹。

　　都江堰枢纽构思之巧妙，配合之科学，成效之显著，即使请现代水利专家来设计恐怕也难出其右。都江堰工程完工后，成都平原从此"水旱从人，不知饥馑，时无荒年，天下谓之天府"。李冰建都江堰至今已有2200年，经历代不断维修改造，至今还在应用，不愧是我国科技史上的一座丰碑。2000年都江堰被联合国教科文组织列入"世界文化遗产"名录。

7.3.3
南水北调

　　1952年毛泽东视察黄河时提出："南方水多，北方水少，如有可能，借点水来也是可以的"。为解决我国北方地区，尤其是黄淮海流域的水资源短缺问题，中国建设了南水北调工程，规划区人口4.38亿人，共东线、中线和西线三条调水线路，通过三条调水线路与长江、黄河、淮河和海河四大江河的联系，构成以"四横三纵"为主体的总体布局，以利于实现中国水资源南北调配、东西互济的合理配置格局（图7.20，图7.21）。

　　南水北调工程自2014年全面建成通水以来，截至2022年5月13日，南水北调东线和中线工程累计调水量达到531亿 m^3。其中，为沿线50多条河流实施生态补水85亿 m^3，为受水区压减地下水超采量50亿 m^3。

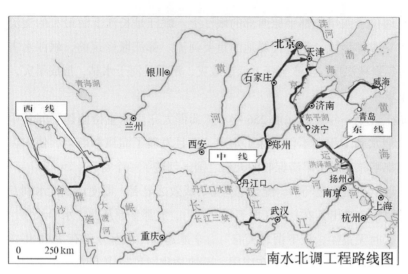

图 7.20　南水北调工程路线图（来源：水利部网站）

南水北调工程分东、中、西三条线路调水，东线工程起点位于江苏扬州江都水利枢纽，中线工程起点位于汉江中上游丹江口水库，受水区域为河南、河北、北京、天津四个省（市），目前西线工程仍在规划论证中

图 7.21　南水北调的标志

由四宽三窄七条弧线构成，飘逸流动，四条宽线代表长江、黄河、淮河、海河，三条窄线代表东、中、西三条调水路线，两者相互衔接、叠压，构成四横三纵的大水网格局。整个图案象征南水北调工程的实施是宏观调控水资源的重大战略举措

第八章

滑坡和泥石流

物体由于地球的吸引而受到的力叫重力（gravity）。重力的施力物体是地球。

在地球的重力作用下，山区经常发生滑坡、泥石流、雪崩等灾害，这些灾害发生的频度高，分布的地域广，造成的灾害多。历史记载了不少山区地表物质大规模运移带来灾害的例子，如公元前218年，迦太基名将汉尼拔奉命远征罗马帝国，他统率步兵三万八千、骑兵八千和大象三十七头，在阿尔卑斯山上遭遇雪崩，损失惨重（图8.1）。

重力无时不在、无处不在，在地表物质运移中，重力起到了关键的作用。在重力作用下，地表物质的运移主要有两种类型。

第一种是滑坡。滑坡是大量的山体物质在重力作用下，沿着山体内部的一个滑动面，在外界触发作用下突然向下滑动的现象。雪崩是高山大量积雪的突然运动，它的产生原因和滑坡大同小异。

第二种是泥石流。泥石流是沙石、泥土、岩屑、石块等松散固体物质和水的混合物在重力作用下沿着沟床或坡面向下运动的特殊流体，在重力作用下，有"泥"有"石"，和水混合在一起，就成了泥石流。

滑坡和泥石流有什么不同呢？

滑坡是指山坡的土层或岩层整体或分散地顺斜坡向下的滑动。滑下的山体，是一整块或几整块的，表面植被状况可能不变。一次滑坡影响面积

图 8.1　汉尼拔率领战象穿越阿尔卑斯山

当雪的内聚力与雪受到的重力处于几乎相当的临界状态时，雪崩在很大程度上取决于人类活动。公元前218年，迦太基名将汉尼拔奉命远征罗马帝国，在10月底翻越积雪的阿尔卑斯山时，触发了大规模的雪崩，牺牲兵士一万八千名，战马两千匹，有几头非洲大象也葬身在雪海之中。汉尼拔后来说，阿尔卑斯山，是比意大利军队更危险的敌人

有限，但滑坡灾害相当频繁。滑坡也叫"地滑"，还有"走山"、"垮山"或"山剥皮"等俗称。

　　泥石流是指在地面流水作用下，在沟谷或山坡上产生的一种挟带大量泥砂、石块等固体物质的特殊流体。它是介于山洪与滑坡之间的一种现象。泥石流影响面积比滑坡大，具有突然性，流速快，破坏性很大，俗称"走蛟"、"出龙"、"蛟龙"等。

　　在重力作用下，许多物质都有沿滑脱面向下滑动的趋势，但只要没有达到滑动的条件，它们就仍然保持稳定。一旦当某些外界因素发生少许变化，达到滑动的条件，长期积累的重力势能就会瞬间释放出来。

　　除滑坡和泥石流以外，重力造成的地表物质运移还有落石和地面陷塌等类型（图8.2）。

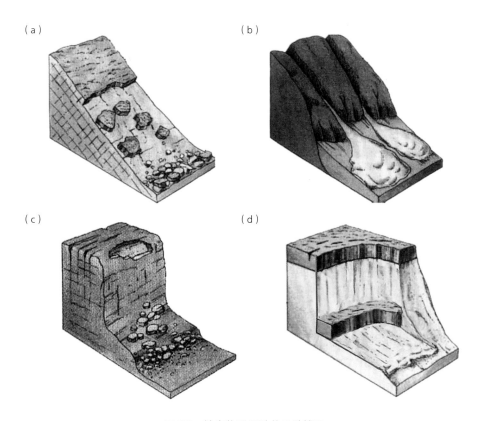

图8.2　地表物质运动的几种情况

（a）滑坡：整个滑坡体下滑的整体滑动；（b）泥石流：大量大小混杂的松散固体物质和水的混合物沿山谷猛烈而快速向下流动。（c）落石：陡峭的岩石山坡上，零星岩石的下落；（d）地面塌陷

🌏 8.1　滑　坡

顾名思义，滑坡有两重含义，一是"滑"，二是"坡"。显然，无"坡"不"滑"，在平原地区，不会出现滑坡，在陡峭的山区才有可能出现滑坡。而有"坡"未必"滑"，许多山脉和山丘屹立千万年，仍保持着稳定的状态。

假定在一个山体上存在着一个倾斜的层面，如果它是一个松软的岩层，则层面上方的山体有可能沿着该层面发生滑动。倾角很小的层面，下滑力很小，而正压力很大，这种层面不可能发生滑坡。但对于很陡峭的层面（倾角 α 很大的层面），层面上的剪切力大，而由正压力决定的摩擦力却不大，因此，滑坡主要是发生在高倾角的层面上，而且滑动面前要有滑动空间（图 8.3）。

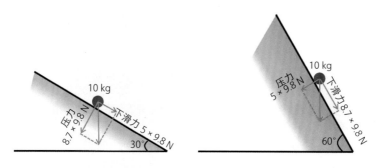

图 8.3　下滑力随坡度的变化

作用在物体上的重力总是要把物体拉向地心，位于与水平面成 30° 角斜面上的一个重 10 kg 的小球，由于斜面的存在，小球无法垂直向下运动，重力拉小球沿斜面运动的下滑力 T 为 10 kg × sin 30° × 9.8 m/s² = 5×9.8 N。显然，斜面越倾斜，下滑力越大。当倾角为 60° 时，下滑力变成了 8.7×9.8 N

触发滑坡的原因主要有三种。第一是水的作用，连续的降雨和冰雪融化，使土壤饱和，导致滑动层面润滑，摩擦系数降低，会造成滑坡（图 8.4）。这就是大量滑坡出现在多雨的夏季的原因，滑坡多发的地方，具有"大雨大滑，小雨小滑，无雨不滑"的特点（图 8.5）。住在山区的居民，要防止外围地表水进入滑坡区，会在滑坡边界修筑截水沟，在坡面修筑排水沟。钻孔、排水、隧道疏通都是排除地下水的有效办法。

1985 年 6 月 12 日，连续降雨后，湖北省秭归市新滩长江发生大滑坡（图 8.6）。新滩位于长江西陵下上段兵书宝剑峡出口，总体积约 2000 万 m³ 的滑坡体冲入长江，滑坡体堵塞了 1/3 的江面，河床最低点高程由 22.5 m 上升至 37.5 m，形成的滑坡涌浪在对岸爬高为 49 m，长江被迫停航 12 天。

图 8.4 2007 ～ 2019 年全球 11033 个降雨引发滑坡点的分布图
（来源：https://svs.gsfc.nasa.gov/4710[2022-09-22]）

图 8.5 2010 年暴雨引发的滑坡
切断了台湾的高速公路

滑坡多发的地方，具有"大雨大滑，小雨小滑，无雨不滑"的特点。

图 8.6 1985 年新滩大滑坡

1985 年新滩约 2000 万 m³ 的滑坡体冲入长江，致使长江停航 12 天。历史上，新滩发生过多次大滑坡，有文字记载始至 1985 年的 1800 多年间，就发生了 10 余次之多。据《归州志》记载："嘉靖二十一年（1542）六月二十日，归州新滩北岸山泉涌出泥滓，山势渐裂，居民惊骇逃避。顷之，山崩五里许。巨石腾壅，闭塞江流。压民舍百余家，舟楫不通"，这次滑坡过后 16 年（1558 年），新滩再次滑坡，造成 300 余人死亡

第二种触发因素是地震。地震时，上覆岩体除了受重力作用外，还受到地震力的作用。地震产生的力往往有很大的水平分量，这样，沿层面方向的剪切力大大增加，滑坡就发生了（图 8.7～图 8.9）。世界上最大的滑坡就是由地震触发的，其造成的灾害也最大。

第三种触发因素是人为的不合理开挖。多数情况下，发生滑动的岩土层面并不是一个无限长的理想平面，人们常用尺度有限的曲面来表示潜在的滑动面。重力作用下，上覆岩土体的重量使得其有一个下滑的趋势，由于滑动面各处倾角不同，而且滑动前方存在阻碍体（坡趾，也叫坡脚），整个山体处于稳定状态。若在上覆岩土体上面再增加载荷（如建一些建筑物或堆积许多重物）或在坡脚处进行开挖，减少了阻挡作用，在这两种情况下，滑坡就有可能发生了（图 8.10，图 8.11）。认识到这个道理，反过来想，人类活动也可以防止产生滑坡，如减轻上覆岩土体的重量（头轻），或增

图 8.7　甘肃孙家沟滑坡遗址（来源：王兰民供图）

1920 年海原 8.5 级大地震在甘肃静宁县孙家沟引起滑坡，图中白色虚线的滑坡体宽 1200 m，厚 50 m，向下滑动距离为 400 m

图 8.8 汶川大地震引发大光包滑坡（来源：许强供图）

2008 年汶川大地震引发中国四川省安县的山体发生了大型滑坡。高川乡的大光包（地名）滑坡是中国已知的最大的滑坡：滑坡面宽 2.2 km，山体向下滑动距离 4.5 km，滑坡总体积达 $7.5 \times 10^8\,m^3$，这也是全世界滑坡体积超过 $5 \times 10^8\,m^3$ 的几次巨型滑坡之一

加坡脚的阻碍作用（脚稳），产生滑坡的基本条件是斜坡体前有滑动空间，加强阻挡作用，可以减缓滑坡的产生（图 8.12，图 8.13）。

预防滑坡的方式有以下几种：①减轻滑坡面上方的质量；②增加滑坡面下方的滑动阻力；③在滑动面用桩基方法固定，同时设立排水管道（图 8.13）。

地球上绝大部分滑坡的发生都与水有关（数量多），但大规模的滑坡主要与地震有关（规模大），人为活动引起的滑坡，尽管数量不少，但规模都不大。

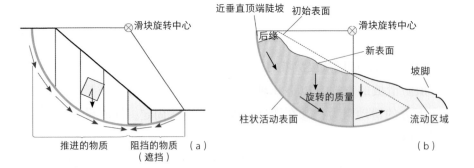

图 8.10　人为开挖产生滑坡示意图

（a）山体中有一个潜在的滑动面（绿色线），正常时，山体处于稳定状态；（b）在山坡上建造房屋，或在滑动体前缘（坡脚）进行开挖，山体失稳，发生滑坡

图 8.9 汶川县映秀镇沿岷江山体滑坡（来源：郭华东供图）

汶川地震发生在陡峭的山区，地震引起了周围山体的滑坡，规模大、数量多，滑坡时产生的巨大空气冲击波可达滑坡前缘 100 m 以外，这在世界地震灾害史是少见的。地质灾害造成的损失，可达地震总损失的 1/3。这次地震带给人们一个重要教训：必须重视地震灾害引起的灾害链

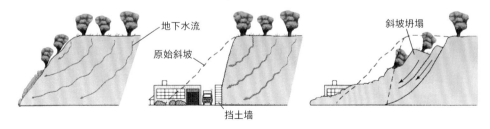

图 8.11 人工开挖山坡导致滑坡

原始的山坡，地下水流的渠道在山坡内形成了一些潜在的滑动面（左）；人工开挖山坡，在山坡附近的平地建筑房屋（中）；沿潜在的滑动面发生滑坡，掩埋建筑物（右）

图 8.12　2005 年四川丹巴通过增加坡脚的阻碍作用避免滑坡（来源：孙文盛供图）

当滑坡仍在变形滑动时，可以在滑坡后缘拆除危房，清除部分土石，以减轻滑坡的下滑力，同时可以把后缘清除的土石堆放于滑坡前缘，作为障碍物达到压脚的效果，不给滑坡体前留下滑动空间

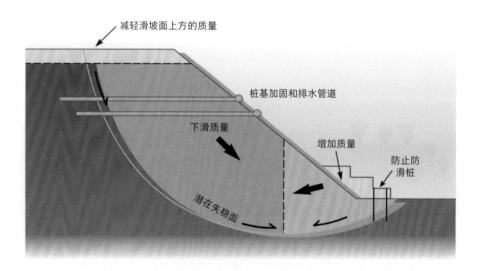

图 8.13　预防滑坡的方式

8.2 泥石流

泥石流是山坡上大量泥砂、石块等经山洪冲击而形成的突发性急流。泥石流经常发生在山区的峡谷地带，在暴雨期具有群发性。1985 年，哥伦比亚的鲁伊斯火山泥石流，以 50 km/h 的速度冲击了近 30 000 km² 的土地，包括城镇、农村、田地，阿梅罗镇成为废墟。这次泥石流造成 2.5 万人遇难，15 万头家畜死亡，13 万人失去家园，经济损失高达 50 亿美元（图 8.14）。

图 8.14　摄影作品《奥马伊拉的痛苦》

1985 年哥伦比亚鲁伊斯火山爆发，十二岁的小姑娘奥马伊拉被引发的泥石流浸泡了 60 个小时，她后来终因无法抢救而停止呼吸，美国摄影记者弗朗克·福尼尔（Frank Fournier）在现场拍下的令人心碎的一幕

2010 年 8 月 7 日 22 时，中国甘肃省舟曲县突降强降雨，县城北面的三眼峪和罗家峪同时暴发泥石流，共造成 1144 人遇难，600 人失踪（图 8.15）。

泥石流的形成必须同时具备地形、松散固体物质和水源三个条件，三者缺一不可。

（1）孕育泥石流的地区一般地形陡峭，山坡的坡度大于 25°，沟床的坡度不小于 14°。巨大的相对高差使得地表物质处于不稳定状态，容易在

图 8.15 （上）甘肃省舟曲 2010 年 8 月发生特大泥石流；（下）灾后在现场的悼念活动

外力（降雨、冰雪融化、地震等）触发作用下，发生向下的滑动，形成泥石流。

（2）泥石流流域的斜坡或沟床上必须有大量的松散堆积物，才能为泥石流的形成提供必要的固体物质。作为泥石流主要成分之一的固体物质的来源有：滑坡、崩塌的堆积物，山体表面风化层和破碎层、坡积物、冰积物以及人工工程的废弃物等。

（3）水不但是泥石流的重要组成部分，而且也是决定泥石流流动特性的关键因素。因此夏季暴雨是泥石流最主要的水源，其次的水源来自冰雪融化和水库溃坝等。

一个完整的泥石流流域可以分成为汇水区、形成区和堆积区（图8.16）。

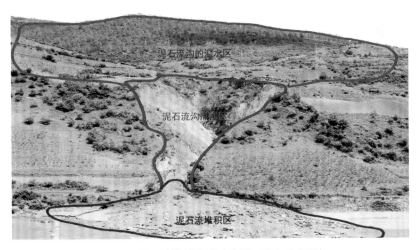

图 8.16 泥石流流域分区（来源：孙文盛供图）

在汇水区，大量积聚的泥沙、岩屑、石块等在水分的充分浸润下，沿着斜坡（更主要是沿着谷地）开始流动。在形成区，泥石流在向下流动中不断发展，沟内某些薄弱段的块石等固体物松动、失稳，被猛烈掀揭、铲刮，并与水流搅拌而形成泥石流。当大量的降雨在山坡上的时候，山坡坡面土层在暴雨的浸润击打下，土体失稳，沿斜坡下滑并与水体混合，侵蚀下切而形成悬挂于陡坡上的坡面泥石流。堆积区，多是地形较为开阔的地区，这里泥石流流速变慢，发生堆积，堆积区由于流域内来沙量的增长而不断扩展，逼近泥石流的下游，经常淹没或堵塞河道，造成原来的河道改道和变形。泥石流的形成、发展和堆积是地表的一次破坏和重新塑造的过程。

从泥石流产生过程来看，连续的暴雨是造成泥石流的自然原因，而乱砍滥伐森林，造成山体表面水土流失严重，是酿成泥石流灾难的人为原因之一。

泥石流中固体物质的大小不一，大的石块直径可在 10 m 以上，小的泥沙颗粒只有 0.01 mm，大小颗粒粒径相差 10^6 倍！泥石流中固体物质的体积比例变化范围很大，小至 20%，大到 80%，因此泥石流的密度可以高达 1.3 t/m³ ～ 2.3 t/m³（图 8.17）。

如果把其中的固体物质叫作"石"，把含水的黏稠泥浆叫作"泥"的话，泥石流按其"泥"和"石"的相对比例，可分成稀性泥石流（图 8.18）、黏性泥石流和过渡性泥石流（图 8.19）三类（表 8.1）。

表 8.1　泥石流分类

类别	固体物质比例	密度范围 /（t/m³）	流动性
稀性泥石流	20% ～ 40%	1.3 ～ 1.6	强
黏性泥石流	50% ～ 80%	1.8 ～ 2.3	弱
过渡性泥石流	40% ～ 50%	1.6 ～ 1.8	中等

图 8.17　四川盐源塘房沟泥石流中直径达 3 m 的石块（来源：崔鹏供图）

图 8.18　稀性泥石流（来源：黄润秋供图）
"泥"多"石"少，以水为搬运介质，土、石含量少，有很大的流动性

图 8.19　黏性泥石流（来源：黄润秋供图）
"泥"少"石"多，水不是搬运介质，而是组成物质，稠度大。石块呈悬浮状态，暴发突然，持续时间短，破坏区域有限

　　泥石流在我国分布十分广泛。特别是斜贯我国辽、京、冀、晋、陕、甘、鄂、川、滇、贵、渝等省（区、市），地处中国西部高原山地向东部平原、丘陵的过渡地带，区域内地形起伏变化大、河流切割强烈、暴雨集中，加之人类对天然植被的严重破坏和对地表斜坡的广泛改造以及搬运岩土等活动，滑坡、泥石流特别发育，分布密度大，活动频繁，是我国滑坡、泥石流等灾害最严重的地区。

　　滑坡和泥石流在全世界都有广泛的分布。亚洲的山区面积占总面积的3/4，地表起伏巨大，为滑坡和泥石流形成提供了巨大的能量和良好的能量转化条件。滑坡和泥石流分布密集或较密集的国家有中国、哈萨克斯坦、日本、印度尼西亚、菲律宾、格鲁吉亚、印度、尼泊尔、巴基斯坦等近20个国家。

　　在自然状态下，纯粹由自然因素引起的山区地表侵蚀过程非常缓慢，因此坡地还能保持完整。在人类活动影响下，把只适合林业和牧业利用的土地也辟为农田，大量开垦陡坡，以至陡坡越开越贫，越贫越垦。为了开垦更多的土地乱砍滥伐森林，甚至乱挖树根、草坪，树木锐减，使地表裸露，这些都加重了水土流失，使边坡稳定性降低，引起滑坡、塌方、泥石流等更严重的地质灾害。

　　岷江上游五县（理县、松潘、黑水、汶川、茂县），森林覆盖率在元朝时为50％左右，新中国成立初期为30％，20世纪70年代末降至18.8％，森林生态系统遭到极大破坏，出现干热河谷景象。尽管目前森林覆盖率有所上升，但生态系统已难以恢复。1981年岷江上游五县雨季暴发的129起泥石流，都与流域内森林过度采伐造成的生态系统破坏有直接关系。

　　泥石流暴发突然猛烈，持续时间不长，通常几分钟就结束，时间长的也就一两个小时。泥石流较难预报，易造成较大伤亡，因此，万一没有做出预报，在遭遇泥石流之后采取正确的方法避险、逃生是非常重要的。泥石流不同于滑坡、山崩和地震，它是流动的，冲击和搬运能力很大，所以，如果突遇泥石流，要迅速转移到高处，千万不要顺沟方向往上游或下游跑，要向两边的山坡上跑。另外，不应上树躲避，因泥石流不同于一般洪水，其流动中可切除沿途一切障碍，上树逃生不可取（图8.20）。

图 8.20　泥石流时要往高处跑
（来源：孙文盛供图）

雨季是泥石流多发季节（雨天提防泥石流）。泥石流发生时，不要试图和泥石流赛跑，应马上往与泥石流成垂直方向两边的山坡上跑，跑得越高越好，跑得越快越好

🌐 8.3　落　石

　　山区公路经常临近陡峭的山体，在降雨、刮风和地震等外界因素的影响下，经常会有山上的岩石滚下山来，这是重力作用的结果。落石给交通和行人带来了危害（图8.21～图8.24）。

图 8.21　汶川地震中被落石砸坏的
北川县铁轨与汽车

　　高处落石的势能转化为动能，因此，高山的落石，高度越高，下落的能量越大，速度越快，到地面后滚动的范围越大，破坏越大。

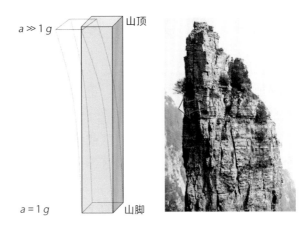

图 8.22 地震中发生落石的原理

汶川强烈地震时，山脚下记录的地面运动峰值加速度（PGA）接近 1 g（g 为地球重力加速度，1 g = 9.8 m/s²，当地面以 1 g 运动时，站在地面上的人会被抛起来），此时山顶的 PGA 一定大于 1 g，山顶的部分岩石会被剥离，进一步会被抛出

图 8.23 汶川地震后从山上滚落的石块
（来源：黄润秋供图）

这块石块重 100 t 以上，具有新鲜的破裂面（图中箭头所示），说明它们原是山顶上完整石头的一部分，地震强烈的震动将它们从原来的岩石上剥离，抛了出来

图 8.24 对临近公路的陡峭的山体进行锚桩加固并设置警告牌

8.4 地面塌陷

地面塌陷是指上覆岩层发生破坏，岩土体下陷或塌落在地下空洞中，并在地表形成不同形态的塌坑。重力是塌陷的基本原因，而地下空洞的存在是地面塌陷的空间条件。

地面塌陷是地下矿产采空区或喀斯特区常见的一种自然灾害。据不完全统计，全国有 23 个省（自治区、直辖市）发生岩溶塌陷，共 1400 多起，塌坑总数超过 4 万个。

自然界的地下水和空气中的 CO_2 结合，在水中生成碳酸（H_2CO_3），含 H_2CO_3 的水流经碳酸岩地区，将不溶于水的碳酸钙（$CaCO_3$）变成了溶于水的碳酸氢钙 [$Ca(HCO_3)_2$，$H_2CO_3+CaCO_3=Ca(HCO_3)_2$]，并随着水流流往别处。这样，原来的 $CaCO_3$ 变为 $Ca(HCO_3)_2$ 后被水带走，地下形成了空洞（喀斯特岩洞），相邻的空洞联通，可能形成地下河。而被带走的 $CaCO_3$，由于 $Ca(HCO_3)_2$ 的化学不稳定性，在新的地方又还原为 $CaCO_3$ [$Ca(HCO_3)_2=CaCO_3+H_2O+CO_2$]。在漫长的岁月中，上面的变化不断重复发生，形成了今天令人叹为观止的喀斯特溶洞。溶洞在地下水位波动频繁的位置被侵蚀破坏形成塌陷。坍塌边沿和空洞边沿基本形成上下对应关系。由喀斯特溶洞形成的坍塌一般形成塌落洞，洞成筒状或柱状。在地下河强烈的溶蚀侵蚀作用下，地下空洞上方岩层的不断崩塌直到地表，就形成了地球表面的巨大的塌陷坑。人们往往把它称为"天坑"。重庆小寨天坑就是这种地质奇观的代表（图 8.25）。

小寨天坑是地下河的一个"天窗"。天坑内不仅有众多暗河，还有四通八达的密洞以及大量珍奇的动植物和古生物化石，名震中外的"巫山猿人"化石，就是在距小寨天坑二三十千米外的巫山龙骨坡发现的。天坑是一种特殊的地质现象，一般出现在碳酸岩多的喀斯特地貌地区。小寨天坑容积约为 1.2 亿 m^3，它围壁圆满，体量巨大，深度为 521 ~ 662 m，宽度为 535 ~ 625 m，从深度和容积两个指标看，都是真正的"世界第一天坑"。小寨天坑被建设部入选为首批中国国家自然遗产、国家自然与文化双遗产预备名录。现在天坑的英文名字，也采用中国拼音的"Tian Keng"。

随着地下矿产资源不断加速开采，当这些地下采空区顶部的岩石被破坏时，地面塌陷就发生了。水在地面塌陷中起着非常重要的作用。城市中

图 8.25　重庆小寨天坑

小寨天坑，位于重庆市奉节县小寨村，是世界上仅有的三例超级天坑（深度和宽度均超过 500 m）之一。小寨天坑坑口地面标高 1331 m，深 666.2 m，坑口直径 622 m，坑底直径 522 m。坑壁四周陡峭，在东北方向峭壁上有小道通到坑底。站在坑底抬头仰视看到蓝天，颇有"坐井观天"之感

地下水管的泄漏，会带走大量的土壤，形成地下空洞，进而造成地面的塌陷。随着城市化的发展，地下水泄漏和冲刷形成的城市地面塌陷也越来越多。这是所有城市市政建设面临的新问题（图 8.26，图 8.27）。

图 8.26　危地马拉城因暴雨发生地面塌陷（来源：Daniel Leclair/ 路透社）

近年来，随着城市化的发展，地下水网的漏水冲出地下的空洞，导致地面塌陷，尽管规模不大，但破坏却很大。现在城市的地面塌陷、地面沉降现象与其说是自然灾害，不如说是人为导致

图 8.27　西宁发生的路面塌陷（来源：新华社）

2020 年 1 月 13 日，青海西宁市城中区南大街发生路面坍塌，一辆公交车陷入其中，造成 10 人遇难，17 人受伤

目前中国城镇化率已接近 70%，城市道路需要有结实的骨骼，让人踏实地行走在上面。2022 年 7 月，住建部启动首批针对城市塌陷问题的"城市体检"工作，长沙、广州、南京等 11 个城市为试点城市。

⊕ 8.5　雪　崩

在积雪的山区，重力引起地表雪的运移产生雪崩。雪崩是一种所有雪山都会有的地表冰雪迁移过程。造成雪崩的主要原因是山坡积雪太厚。积雪经阳光照射以后，表层雪融化，雪水渗入积雪和山坡之间，从而使积雪与地面的摩擦力减小；与此同时，积雪层在重力作用下，开始向下滑动。积雪山坡上，重力将雪向下拉，而积雪的内聚力却希望能把雪留在原地。当内聚力抗拒不了重力时，雪崩就发生了。

　　雪崩首先从覆盖着积雪的山坡雪线上部开始。先是出现一条裂缝，接着巨大的雪体开始滑动。雪体在向下滑动的过程中，迅速获得速度向山下冲去。雪崩速度最大可达 100 m/s（12 级的风速度仅为 33 ～ 35 m/s）。雪崩具有突发性、运动速度快、破坏力大等特点。它能摧毁大片森林，掩埋房舍、交通线路、通信设施和车辆，甚至能堵截河流，使河流发生临时性的涨水；同时，它还能引起山体滑坡、山崩和泥石流等可怕的自然灾害。因此，雪崩被列为积雪山区的一种严重自然灾害（图 8.28）。

图 8.28　雪线（来源：Cleveland Museum of Art，https://clevelandart.org/art/2018.216）

雪线是常年积雪带的下界。雪线以上年降雪量大于年消融量，形成常年积雪区；雪线以下，气温较高，全年冰雪的补给量小于消融量，不能积累多年冰雪，只能是季节性积雪区；在雪线附近，年降雪量等于年消融量，达到动态平衡。雪线高度从低纬向高纬地区降低。雪线高度也取决于年降水量的多少。在青藏高原，雪线附近的年降水量为 500 ～ 800 mm，雪线高 5500 ～ 6000 m；阿尔卑斯山脉雪线附近的年降水量达 2000 mm，雪线高度仅 2700 m 左右。雪崩是积雪山区的一种严重自然灾害

　　大多数的雪崩都发生在冬天或者春天降雪非常大的时候。雪崩的严重程度取决于雪的体积、温度、山坡走向，尤其重要的是坡度。最可怕的雪崩往往产生于倾斜度为 25°～50° 的山坡。如果山势过于陡峭，就不会形成足够厚的积雪，而斜度过小的山坡也不太可能产生雪崩。

　　比起泥石流、洪水、地震等灾难发生时的狰狞，雪崩真的可以形容为"美"得惊人。雪崩发生前，大地总是静悄悄的，美丽的背后隐藏的是可以摧毁一切的恐怖。雪崩的威力被称为"白色妖魔"，它的冲击力量非常惊人，会以极快的速度和巨大的力量卷走前面的一切。有些雪崩会产生足以横扫一切的粉末状的摧毁性雪云。雪崩是自然界中非常受人们关注的现象，法国哲学家伏尔泰说过："雪崩，没有一片雪花觉得自己有责任（No snowflake in an avalanche ever feel responsible）"。

　　雪崩对高山探险威胁很大，探险队伍在高山探险遇到雪崩常常会造成整个探险队伍"全军覆没"。第一次世界大战的时候，意大利和奥地利在阿尔卑斯山地区打仗，双方死于雪崩的人数不少于四万。双方经常有意用大炮轰击积雪的山坡，人为制造雪崩来杀伤敌人。

　　1970 年秘鲁大雪崩是 20 世纪十大自然灾害之一。秘鲁是一个多山的国家，山地面积占全国总面积的一半，著名的安第斯山脉的瓦斯卡兰山峰就在秘鲁，其山体坡度较大，峭壁陡峻。山上常年积雪，"白色死神"常常降临于此。1970 年 5 月 31 日，这里发生了一次地震，并诱发了一次大规模的雪崩（图 8.29）。

　　地震把山峰上的岩石震裂、震松、震碎，瞬时冰雪和碎石犹如巨大的瀑布，紧贴着悬崖峭壁倾泻而下，几乎以自由落体的速度塌落了 900 m 之多。巨大的冰雪流以极高的速度急驰而下，犹如一条冰雪巨龙，以 300～400 km/h 的速度疯狂地向山下冲去。在强大气浪的震动和冲击下，沿途的积雪纷纷落下，汇成的冰雪巨龙越来越大。崩塌而来的雪量已达到了 3000 万 m^3，其中携带着数百万立方米的岩石碎屑，形成高达近百米的龙头，继续呼啸着向山下河谷、城镇冲去。一路所过，河流被截，道路被堵，城镇摧毁，农田被淹……

　　地震、雪崩和泥石流给秘鲁人造成了惨重的损失。这场大雪崩所形成的冰雪巨流横扫了 14.5 km 的距离，将瓦斯卡兰山下的容加依城（Ranrahirca）全部摧毁，受灾面积达 23 km^2。地震中遇难人数 1.2 万人，由地震引发的雪

图 8.29　秘鲁雪崩带下来的重达 700 吨的花岗闪长岩（来源：USGS）

1970 年 5 月 31 日，秘鲁的安第斯山脉的瓦斯卡兰山峰附近发生了地震，诱发了一次大规模的雪崩。在瓦斯卡兰山下，有一座容加依城，当雪崩刚刚发生之时，容加依城刚刚被地震袭击，人们正在忙着抢救自己的亲人，有的准备逃离危险之地以躲避灾祸。这时，带着强大冲击力的气浪迎面袭来，把人们全部推倒在地。顷刻，冰雪巨龙呼啸而至，大多数人被压死在冰雪体之下。快速行进中的冰雪巨龙，形成的强大的空气压力，使许多人窒息而死

崩中遇难人数为 2 万多人，由地震引发的泥石流中遇难人数约 2 万人，合计死亡人数达 5.2 万人之多，造成的经济损失达 5 亿多美元。

　　在雪崩中，更可怕的是雪崩前面的气浪。雪崩由于从高处以很大的势能向下运动，会形成一层气浪，有些类似于原子弹爆炸时产生的冲击波，气浪所到之处，房屋被毁、树木消失、人窒息而死。因此，有时雪崩体本身未到，而气浪已把前进路上的一切阻挡物冲得人仰马翻。1970 年的秘鲁大雪崩引起的气浪，把地面上的岩石碎屑吹到了天上，竟然叮叮咚咚地下了一阵"石头雨"。

为什么人们称雪崩是"白色妖魔"？

　　对雪崩可以采取人工控制的方法加以预防。人们总结了很多经验教训后，对雪崩已经有了一些防范的手段。比如对一些危险区域发射炮弹，实施爆破，提前引发积雪还不算多的雪崩，还有设专人监视并预报雪崩等。如阿尔卑斯山周边国家都在容易发生雪崩的地区都成立了专门组织，设有专门的监测人员，探察它形成的自然规律及预防措施（图8.30）。

　　多年经验表明，滑坡和泥石流是可以有效防范的。关键是要让社会公众了解、掌握科学的灾害防治知识，我国第一部关于地质灾害防治的行政法规——《地质灾害防治条例》于2004年3月1日起施行，它的出台和实施标志着我国地质灾害防治工作进入了规范化、法治化的轨道。

图 8.30　阿尔卑斯山预防雪崩的雪障（来源：Pixabay）

第九章

近地空间

9.1　太阳系

我们讨论的"近地空间"是指与地球上人类生活密切相关的那部分空间，从太阳到地球的空间区域，也叫作日地空间，它是人类目前能够直接探测的一个空间。科学界一般把在地球大气层的航行活动称为"航空"，在太阳系内的航行活动称为"航天"，而把太阳系外的航行活动称为"航宇"。

9.1.1
太阳

太阳系太阳是一颗自身能够发光发热的恒星，它是一颗庞大炽热的气质球体，太阳表面的温度大约是 5800 K（5500℃），直径约 140 万 km，相当于地球直径的 109 倍（图 9.1）。太阳的形状接近理想的球体，质量大约是 2×10^{30} kg，为地球的 33 万多倍，巨大质量形成的引力，把太阳系中其他成员牢牢地吸住，使它们按轨道围绕着太阳旋转。以平均距离算，光从太阳到地球大约需要经过 8 分 19 秒。

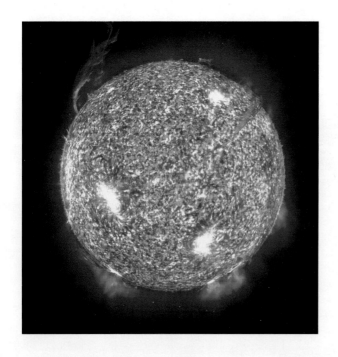

图 9.1　太阳是太阳系空间活动的最主要的能量来源（来源：NASA）

太阳之所以能发光发热，是因为太阳内部有大量氢元素。氢原子是自然界最小的原子，原子核中只有一个质子，原子核外有一个电子。但是，氢原子核里的中子个数可以不同，据此可以把氢元素分为三种同位素，分别是没有中子的氕、一个中子的氘、两个中子的氚（图 9.2，图 9.3）。

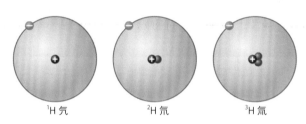

^{1}H 氕　　　　^{2}H 氘　　　　^{3}H 氚

图 9.2　氢元素的三种同位素

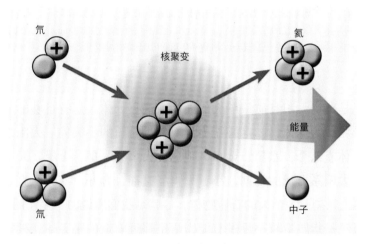

图 9.3　聚变反应示意图

在极高的温度下，氘和氚原子核可以发生聚变反应，生成一个氦原子和一个中子，同时释放巨大的能量。这个能量就通过辐射的形式散发到空间中

地球距离太阳约 1.5 亿 km，整个地球接收到的能量仅是太阳辐射能量的 22 亿分之一，即便如此，辐射到地球的太阳能，不仅支持了地球上所有生物的生长，也支配了地球的气候和天气，把地球变得欣欣向荣。

太阳系是一个受太阳引力约束在一起的天体系统（图 9.4，图 9.5）。太阳占据了太阳系所有已知质量的 99.86%，其余的天体总质量还不到太阳系的 0.14%。

环绕太阳的天体分为三类：行星、矮行星和小天体。

图 9.4　太阳和太阳系的行星（来源：NASA）

图中仅大小按比例绘制，距离不按比例。在太阳系内以天文单位（AU）来表示距离，1 AU 是地球到太阳的平均距离，大约是 149 597 871 km。在太阳系外用光年表示距离，1 光年大约相当于 63 240 AU。行星按离太阳的距离的排序是：水星（0.39 AU）、金星（0.72 AU）、地球（1 AU）、火星（1.5 AU）、木星（5.2 AU）、土星（9.6 AU）、天王星（19 AU）和海王星（30 AU）。按照与太阳由近到远的顺序，地球排名第三，位于水星和金星之后；要是按照大小排序，地球在八大行星中只能排到第五。如果太阳至海王星的距离是 100 m 的尺度，那么太阳只是一个直径大约 3 cm 的小球（大约高尔夫球直径的三分之二），木星和土星的尺度都将小于 3 mm，而地球在这种规模下会比一只跳蚤（0.3 mm）还要小得多

　　行星是环绕太阳且质量够大的天体。这类天体一是有足够的质量使其本身的形状成为球体，二是有能力清空邻近轨道的小天体。太阳系能成为行星的天体有八个：水星、金星、地球、火星、木星、土星、天王星和海王星。在太阳系形成的初期，小行星不断碰撞、合并、变大，直到在一个运行轨道上只剩下一个大的石质物体，这就是我们所说的行星（图 9.6）。

　　矮行星是指质量较小且没有能力清空邻近轨道的小天体，冥王星就是一颗矮行星。

　　环绕太阳运转的其他天体都属于太阳系小天体。小天体是 45 亿年前行星形成时的剩余物，大多数位于火星和木星轨道之间的小行星带（图 9.7），距离太阳 2.3 AU 至 3.3 AU。尽管小天体数量多，但小天体带仍是非常空旷，太空船经常飞越这个区域，目前尚未发生碰撞事件。卫星（如月球之类的天体），不是环绕太阳而是环绕行星，所以不属于太阳系小天体。

　　太阳自恒星"育婴室"诞生以来已经 45 亿岁了，而现有的燃料预计还可以燃烧 50 亿年之久。太阳对人类而言至关重要，地球大气的循环，昼夜与四季的轮替，地球冷暖的变化都是太阳作用的结果，古代神话传说也多有太阳的影子（图 9.8）。通过对太阳的研究，人类可以推断宇宙中其他恒

图9.5　八大行星大小比例（来源：NASA）

按大小排序，依次是木星、土星、天王星、海王星、地球、金星、火星和水星

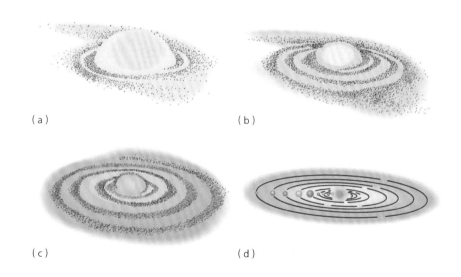

（a）　　　　　　　　　　　　　　（b）

（c）　　　　　　　　　　　　　　（d）

图9.6　太阳系起源的假说

（来源：The McGraw-Hill Companies,1997）

（a）最初，大量的冰、气体和碎片形成像云一样的物质围绕太阳旋转；（b）慢慢这些物质聚合到一个旋转的平面上；（c）相互间的碰撞和黏结，这些物质合并越来越大，行星开始形成；（d）点燃的太阳由行星围绕，太阳系形成

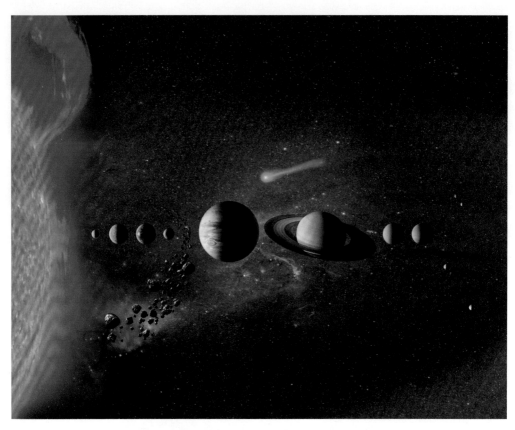

图 9.7　小行星带（小天体带）（来源：NASA）

在火星轨道和木星轨道间，集中分布着数以百万计的小天体，大的直径几千米，小的几米，数量很多，这就
是小天体带。它们被认为是太阳系形成时遗留下的物质，受到太阳系质量最大的行星——木星的引力干扰而
不能凝聚成形的"失败"行星，小天体带的总质量估计不会超过地球的千分之一

图 9.8　三星堆太阳神鸟显示了
中国古人对太阳的崇拜

人类塑造出的最早的神是太阳神，最早的崇拜是
太阳崇拜。原始人类关注的两大主题是：生与死。
生是一种永恒的渴望；而关注死，是希望再生。
因此古代先民们对具有长生不死以及死而复生能
力的万物非常崇拜，太阳每天清晨从东方升起
（重生），给自然以光明和温暖，傍晚从西边落
下（死亡），给自然以黑暗与死寂，具有死而复
生的能力，以及给万物以生机的能力

星的特性，人类对恒星的了解大部分都来自于太阳，对宇宙的探索，主要还是在太阳系内，太阳系内所有的行星都已经被由地球发射的太空船探访。

9.1.2
太阳风暴

太阳风暴，是指太阳上出现太阳耀斑、太阳黑子和太阳日冕物质抛射等太阳爆发活动，像风暴一样影响太阳系内的电磁空间环境。太阳风暴本质上是一种电磁风暴。人们用肉眼观察太阳，只能看到一个极亮的圆盘，称为光球。在光球之上可见的，第一是耀斑，第二是太阳黑子。

太阳耀斑是在太阳表面上，突然出现迅速发展的亮斑闪耀，其寿命仅在几分钟到几十分钟之间，亮度上升迅速，下降较慢。特别是在太阳活动峰年，耀斑出现频繁且强度变强（图9.9）。

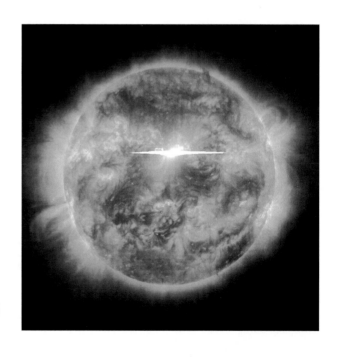

图9.9 太阳光球上的耀斑
（来源：NASA）

别看耀斑只是太阳表面上的一个亮点，一次耀斑增亮释放的能量相当于数百亿枚原子弹的爆炸能量。除了太阳表面局部突然增亮的现象外，耀斑更主要表现为整个太阳系空间的电磁辐射发生变化。

太阳黑子是太阳光球上的黑点，它们在可见光下呈现比周围区域更暗的斑点（图9.10）。它们是由高密度的磁性活动抑制了太阳对流的激烈活动，在表面形成温度降低的区域。虽然它们的温度仍然大约有 3000 ～ 4500 K，但是与周围 5800 K 高温的物质对比之下，它们清楚地显示为黑点。如果将黑子与周围的光球隔离开来，黑子会比一个电弧更为明亮。当它们在太阳表面横越移动时，会膨胀和收缩，直径可以达到 80 000 km，因此在地球上不用望远镜也可以直接看见。

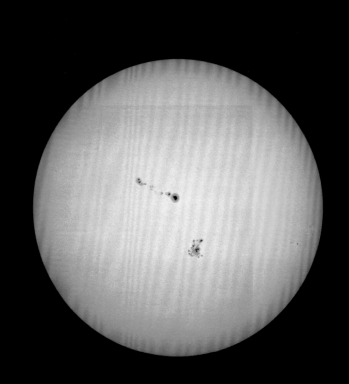

图 9.10　2017 年 9 月 4 日的太阳黑子影像（来源：NASA）

太阳表面的局部地区，受到太阳磁性活动的抑制，形成温度降低的区域，显示为太阳表面的"黑子"。虽然黑子区域温度仍然大约有 3000 ～ 4500 K，但与周围 5800 K 的高温区域相比，仍显示为黑点。（绝对温度，符号为 K。绝对零度代表着在此温度之下，物质分子不再具有任何能量来进行热运动，也就是一切的分子都会停止活动。绝对温度 T（开尔文）与摄氏温度 t（摄氏度）的数量关系是：

$$T = t + 273.15）$$

太阳黑子很少单独活动，常是成群出现（图 9.11）。在太阳上可以看得见的太阳黑子数量并不是固定的，它以平均约 11 年的周期变化（图 9.12），活跃时会对地球的磁场产生影响，导致地球电离层和大气层的变化，严重时会对各类电子产品和电器造成损害。

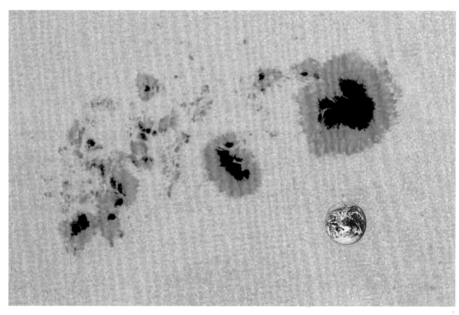

图 9.11　2014 年 1 月美国国家航空航天局的太阳动力学天文台拍摄到的太阳黑子群 AR1944
（来源：NASA）

为了显示黑子群的大小，图上增加了地球的图像作为尺度对比。太阳黑子在太阳表面不断移动，会膨胀和收缩，直径可以达到 80 000 km

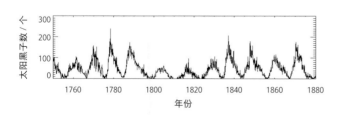

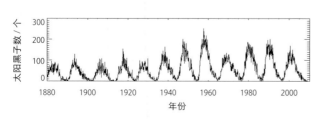

图 9.12　1750 年以来每年的国际太阳黑子数
（来源：NASA）

显示太阳黑子有大约 11 年的周期，数量从接近 0 增加到超过 100 个，而后又再次减少到接近 0

谈过了太阳的光球，再谈谈太阳的大气。日食时，月球挡住了光球，可以观测到太阳周围有向外放射的光芒，向外冲出的完全电离的气体，就是太阳的大气——日冕（图 9.13）。日冕物质抛射是最重要的太阳活动现象（图 9.14）。每次抛射的物质总量可达上百亿吨，喷出的范围比几十个地球的直径还要大。日冕抛射的物质主要是带电粒子流，带电粒子流充满整个太阳系，这就是太阳风。

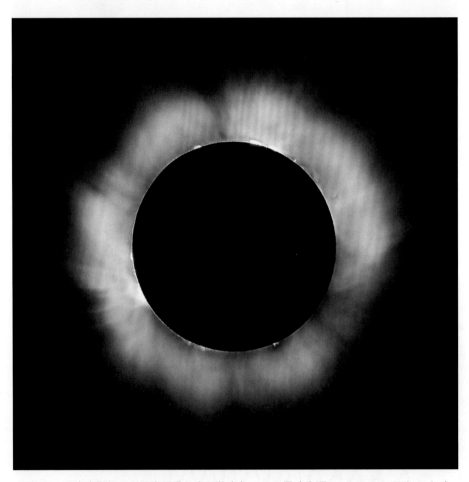

图 9.13　日全食期间可以用肉眼看见太阳的大气——日冕（来源：Luc Viatour/Wikipedia）

在地球上，每年至少有两次日食发生，发生时太阳完全被月亮遮挡的时间能持续 8 分钟，对于多数人来说，这是唯一可以看到太阳外层大气的时候。图为 1999 年法国的日全食

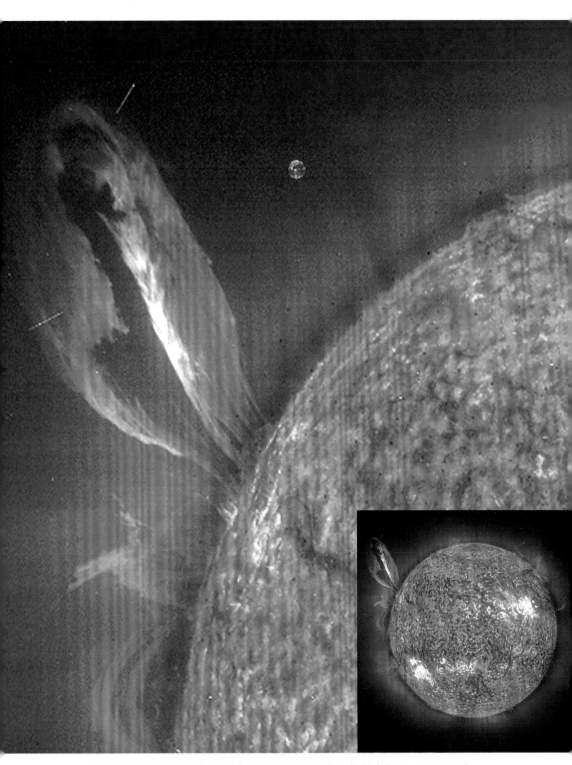

图 9.14　SOHO 观测到的 2003 年 10 月 28 日日冕物质抛射（来源：ESA/NASA）

图中蓝色的球代表地球的大小，地球是有意加上去的，可与日冕抛射物质大小作比较。从图中可以看出，喷出物质的范围比几十个地球的直径还要大

太阳风（solar wind）对地球外层空间环境的影响是最重要的。太阳风有三个特点：第一，它与地球上的空气不同，不是由气体的分子组成，而是由更简单的比原子还小一个层次的基本粒子——质子和电子等组成，但它们流动时所产生的效应与空气流动十分相似，所以称它为太阳风。第二，太阳风的密度非常稀薄，在地球附近的太阳风，每立方厘米有几个到几十个粒子，而地球上风的密度则为每立方厘米有 2687 亿亿个分子。第三，太阳风虽十分稀薄，但它刮起来的猛烈劲儿，远远胜过地球上的风。在地球上，12 级台风的风速是 32 m 每秒以上，而太阳风的风速，在地球附近却经常保持在 350 ～ 450 km 每秒，是地球上风速的上万倍。从太阳到地球，太阳风只需要十几到几十分钟的时间。

当剧烈的太阳风暴来临时，日地空间强烈的电磁扰动将威胁位于此空域内的现代技术设施和宇航员的生命安全。2022 年 2 月 3 日，美国埃隆·马斯克（Elon Musk）的太空探索公司（Space X）通过猎鹰 9 号从佛罗里达州肯尼迪航天中心向低地球轨道发射了 49 颗"星链"卫星（starlink）。然而，由于受到太阳风暴的影响，地球磁层发生了磁暴，大气密度增加，随之大气阻力剧增 50%，导致这些"星链"卫星未能提升至更安全的轨道，有多达 40 颗卫星掉入大气层坠毁。这是迄今为止单一地磁事件造成卫星集体损失数量最多的一次。这次事件的幕后推手就是太阳风暴。了解太阳风暴发生的特点和规律，并对其做出预测，是人类平安进出地球，走向外太空的第一重保障。

太阳发光，照亮了整个太阳系。一旦太阳出现耀斑和日冕物质抛射等爆发活动，就形成了太阳风暴，对太阳系的空间环境产生重大影响。"太阳咳一咳，地球抖三抖"。幸运的是，地球上的人类由于受到地球磁层和稠密大气层的双重保护，不借助仪器设备，我们很难直观感受到太阳风暴的来临。

9.2　空间天气

太阳上出现的耀斑和日冕物质的抛射等爆发活动，给近地球空间的电磁环境造成影响，人们称之为空间天气（space weather）（图 9.15）。

传统天气是指发生在地球大气的对流层（约 10 km）内、影响人类生活

图 9.15　空间天气影响地球（来源：NASA）

太阳的能量和物质太大了，它局部地区的一举一动，瞬息变化，都足以影响到所有绕着它运转的星球

的中性大气物理图像和物理状态，例
如阴、晴、雨、雪、冷、暖、干、湿等。
空间天气是指太阳风暴对地球电磁环
境的影响，发生在距离地面 30 km 以
上的范围。

人们发现，地球上的许多事件与
太阳活动有关，而且这些事件均发生
在太阳风暴前后：

（1）中世纪航海家在使用天然
磁石磁罗盘时，有时候会偏离磁北极。

（2）1859 年 9 月，过去 200 年
中最大的地磁暴导致全球电报服务普
遍中断。

（3）2002 年 4 月，在一次太阳
风暴时，日本"希望号"火星探测器
受到撞击，最终被放弃。

图 9.16　地球的高层大气在太阳风作用下
发生部分电离或完全电离

磁层是完全电离的大气区域，电离层是部分
电离的大气区域

20 世纪 90 年代，空间天气这个术语被广泛使用。从 1994 年开始，各
国都开展了空间天气新学科的研究。

太阳风喷射到地球，就会改变地球大气圈的电磁结构。原本地球的大
气圈是中性的，是不带电的，但在太阳风的作用下，高层大气分子发生电离，
不带电的粒子变成了带电的粒子。地球 60 km 以上的整个地球大气层都处
于部分电离或完全电离的状态，完全电离的大气区域称磁层，部分电离的
大气区域称为电离层（图 9.16）。

9.2.1
磁层

太阳风磁场对地球磁场施加作用（图 9.17），好像要把地球磁场从地
球上吹走似的，但地球磁场抵抗太阳风长驱直入。于是，太阳风绕过地球
磁场，继续向前运动，最终形成了一个被太阳风包围的、彗星状的地球磁

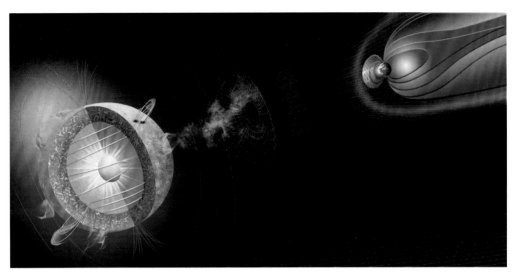

图 9.17　太阳风下的地磁场（来源：NASA）

在地磁场的反作用下，太阳风不能长驱直入进入地球，只能绕过地磁场继续向前运动，于是在地球外部形成了一个被太阳风包围的、彗星状的磁层。在磁层的阻隔下，太阳风大都只能绕着磁层顶吹过，而不能进入地球附近空间。在日地连心线向阳的一侧，磁层顶距地心约为 10 个地球半径。在背阳的一侧，磁层形成一个圆柱状（圆柱半径约等于 20 个地球半径）的长尾，即磁尾，其长度至少等于几百个地球半径。遥远看去，磁层好像彗星一样

场区域，这就是磁层。如果太阳风消失了，那么地球地磁场还在，只是没有了磁层而已。

9.2.2
电离层

在磁层下面，离地球地面 60 km 附近是电离层（图 9.18）。太阳风使大气层中的氧原子和氮原子失去了电子，成为离子，形成如云状般的电子分层。电离层对于无线电通信非常重要。

9.2.3
臭氧层空洞

在电离层下面 20～25 km 的高空有臭氧层（图 9.19）。臭氧，与氧气

互为同素异形体（O₃），淡蓝色，气味类似鱼腥味。臭氧有强氧化性。臭氧层可吸收太阳光中对人体有害的紫光线（短波，300 nm以下），防止这种短波光线射到地面，使生物免受紫外线的伤害。

　　臭氧层是地球最好的保护伞。然而排放到大气的氯氟烷烃化学物质（如制冷剂、发泡剂、清洗剂等）容易破坏臭氧层，近二十年的科学研究和大气观测发现：每年春季，南极大气中的臭氧层一直在变薄，事实上在极地大气层中存在一个臭氧"洞"（图9.20，图9.21），下面的地区失去了臭氧层的保护。1985年英国南极考察队在南纬60°地区观测发现臭氧层空洞，引起世界各国极大关注。随后，人们发现臭氧层空洞有扩大的趋势。1998年9月，臭氧层空洞创下了面积最大达到2500万km²的历史记录。近30年来，人类严格限制了有害氟氯化碳的排放，地球南北两极的臭氧层空洞在缓慢缩小，2019年南极上方的臭氧空洞

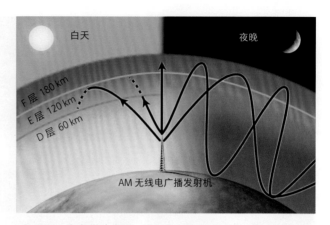

图 9.18　电离层（来源：Thomson Higher Education, 2007）

离地面60 km附近向外的电离层，白天面对太阳时自下而上分成D、E、F层。晚上背向太阳，D层会消失，E层的密度会降低。F层在白天时分成F1和F2，夜晚时F1与F2合并成一层。电离层的反射和折射是无线电波传播的基础

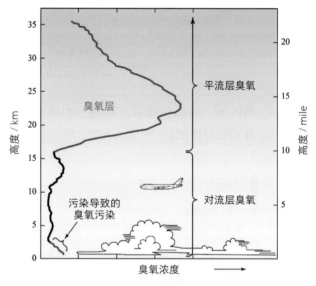

图 9.19　臭氧层

臭氧层是大气的平流层中臭氧浓度高的圈层，浓度最大的部分位于20～25 km的高度处。太阳光中的紫外线可分为三种：长波紫外线UV-A（波长320 nm）、中波紫外线UV-B（波长290～300 nm）和短波紫外线UV-C（波长 < 290 nm）。短波紫外线对生物细胞的伤害十分严重，臭氧层能吸收全部的短波紫外线，只有长波紫外线UV-A和少量的中波紫外线UV-B能够辐射到地面，长波紫外线对生物细胞的伤害要比中波紫外线轻微得多。因此，臭氧层犹如一件保护伞，保护地球上的生物得以生存繁衍

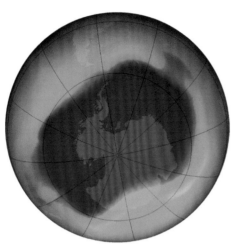

总臭氧量 / 多布森单位

110 220 330 440 550

图 9.20　南极上空的臭氧层空洞
（来源：NASA）

2006 年 9 月 24 日，南极上空臭氧层空洞大小和
美国的面积相当。颜色表示空洞的厚度，最薄处
仅 100 多布森[①]，相当于 1 mm 厚度。这张照片是
用专业方法拍的，因为肉眼看不到哪里破坏了，
蓝色的深浅代表臭氧的含量，颜色越深，臭氧的
含量越少

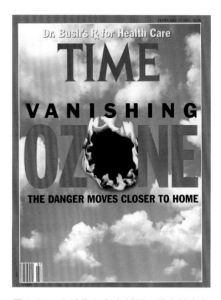

图 9.21　《时代》杂志封面：消失的臭氧
臭氧减少带来的危险已受到国际社会的普遍
关注，1994 年第 52 次联合国大会决定，把
每年的 9 月 16 日定为国际保护臭氧层日

已经缩小到近 10 年的最小尺寸。臭氧层空洞的缩小，人类的功劳不可忽视。

9.2.4
中高层大气

　　电离层以下，10 km 以上的地球大气称之为"中高层大气"，中高层大
气主要是稀薄的中性大气，虽然稀薄，却占有非常巨大的体积，它与人类
的生存和发展以及航天和军事密切相关。

---

① 多布森，用来度量大气中臭氧柱尺度的单位（DU）。它等于在标准大气状态下（273 K，1 大气压），
　10 μm 臭氧层的厚度。大气臭氧层的厚度约为 300～400 DU。

　　从航天和军事方面来看，中高层大气是各种航天器的通过区和低轨航天器的驻留区，远程战略导弹通常飞行在中高层大气中，中高层大气中各种扰动带来的大气参数偏差，将严重影响导弹的命中精度、卫星和飞船的安全发射、在轨寿命及顺利返回（图 9.22）。

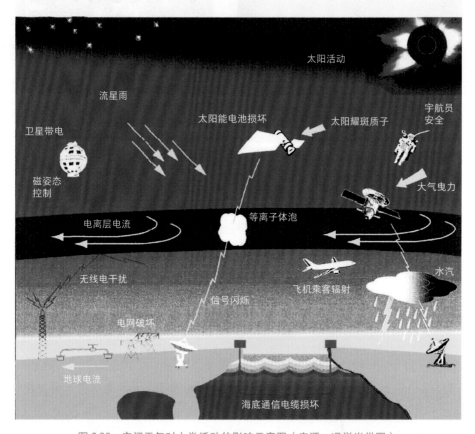

图 9.22　空间天气对人类活动的影响示意图（来源：冯学尚供图）

电离层以上高度（80～300 km），卫星姿态、材料、太阳能电池、卫星轨道和宇航员安全受空间天气危害；电离层高度，无线电通信、卫星通信受空间天气影响；电离层以下高度，飞机乘客、GPS 信号、电网和海底通信，以及输油管道等受空间天气影响

　　空间天气灾害主要涉及：高能带电粒子会危害航天器安全，太阳爆发性活动会对导航、通信和定位产生严重影响，引发的地磁场急剧变化（磁暴）会破坏输电系统和地下管线，高层大气密度影响航天器轨道寿命等。空间天气变化直接影响了以航天技术为代表的人类科技发展和社会生活越来越依赖的高技术。

🌐 9.3 小行星撞击

在宇宙空间中，天体间会发生相互碰撞。地球以每小时约 10 万 km 的速度绕太阳急速飞驰，轨道速度达到 108 000 km/h，动能为 2.7×10^{33} 焦耳，犹如一辆全速行驶的汽车穿过拥挤的城市街道，发生撞击也就不足为奇了。

遍布月球表面的坑洞，表明它曾遭受太空物体猛烈的撞击，月球上最大的撞击坑艾特肯盆地直径达 2500 km（图 9.23）。地球的体积和重力都比月球大，因此它受到的冲撞将会更强烈。

地球经常遭受太空物体的撞击，但是由于地球有大气圈保护，而且地球表面的地质活动非常活跃，许多证据早已消失不见。到目前为止，地球上已辨识出 150 个陨石撞击点，每年仍不断有新的陨石坑被发现。

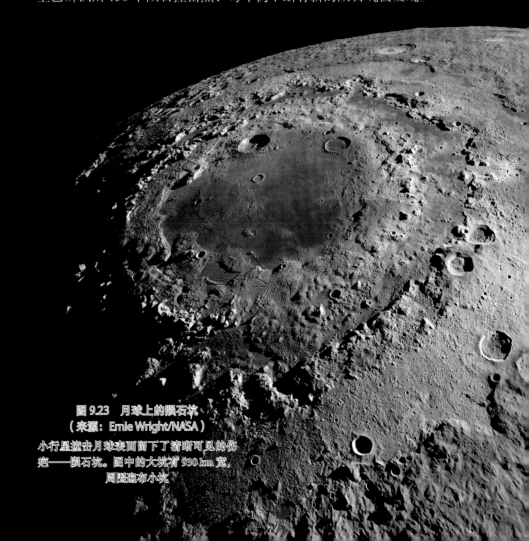

图 9.23 月球上的陨石坑
（来源：Ernie Wright/NASA）
小行星撞击月球表面留下了清晰可见的伤疤——陨石坑。图中的大坑有 930 km 宽，周围遍布小坑

9.3.1
彗星撞上了木星

1994 年 7 月 16 日，"苏梅克 - 列维 9 号" 彗星与木星相撞（图 9.25），这是人类历史上第一次预测到的天体撞击事件，场面十分令人震撼，全球的天文台组织了联合观测。"苏梅克 - 列维 9 号" 彗星是美国天文学家苏梅克（图 9.24）与天文学爱好者列维在 1993 年发现的，假如当时彗星撞击的

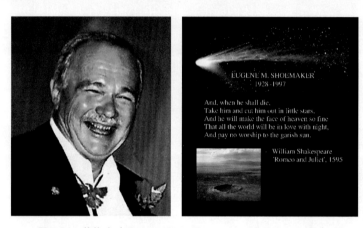

图 9.24　苏梅克（Eugene Merle Shoemaker，1928 ～ 1997）

苏梅克是天文地质学家，他长期研究亚利桑那陨石坑和月球上的陨石坑。1998 年，美国航天局将他的骨灰放在飞船上带往月球，以实现这位科学家登月研究陨石坑的遗愿，飞船上同时携带有一小块铭牌，上面是一首莎士比亚的诗，出自《罗密欧与朱丽叶》

图 9.25　"苏梅克 - 列维 9 号" 彗星撞击木星（来源：NASA/JPL）

1994 年 7 月，当彗星靠近木星的时候，木星就以其惊人的引力将彗星撕裂成大约 25 个碎块，这些撕裂的碎块排成一排，形成一串延续 3 亿 km 的 "珠链"，碎块连续落入木星的大气层，产生巨大的火球，升腾起夹杂彗星碎片的尘云，并留下十多个撞痕。这是人类第一次亲眼目睹的天体碰撞的全过程

是地球而不是木星，那么可能会发生又一次文明终结事件。

　　在太阳系中，木星的质量是其他所有行星总和的两倍还多，这颗巨行星一直在守卫这些在空中飘荡的砾石。作为一块巨大的"重力磁铁"，木星会把飘荡的岩石块和金属块从内太阳系吸引出来。木星是减少碰撞事件的守护神。在木星的保护下，地球避开了大部分到处飘荡的碎片。尽管这位保护神已经尽了最大的努力，但还是会有一些"漏网之鱼"，一些小行星偏离了原来的轨道，其中一些有可能撞到我们的地球。

9.3.2
恐龙灭绝

　　地球上已经发现了 100 多个陨石坑，其中最年轻的是位于美国亚利桑那州的陨石坑（图 9.26），它是在大约 5 万年前由一颗 27 万 t 重的铁陨石撞击而成，陨石坑直径 1200 m，深 170 m，可以放进几百个网球场，四周环绕着高达 45 m 的疏松岩石壁。

图 9.26　美国亚利桑那州巴林杰陨石坑（来源：Pixabay）

陨石坑的关键证据是在坑旁发现了相当少见的斯石英和柯石英，而这两种矿物只有在撞击事件和核试验的环境下才能形成。地球早期的撞击坑很难找，因为地质过程将大多数老的撞击坑磨灭了，巴林杰陨石坑因为它的大小、年代较近和缺乏植被，容易辨认且令人印象深刻

恐龙是出现于中生代（距今 2.5 亿年至 6600 万年的地质时期）的优势陆栖脊椎动物，曾支配全球陆地生态系统超过 1.6 亿年之久，并于约 6600 万年前的白垩纪晚期绝灭（图 9.27，图 9.28）。有许多研究试图探索这次灭绝事件的原因，通常的解释是一个小天体撞击了地球。

科学家发现在海洋黏土中存在高浓度的稀有元素铱（图 9.29），这些含铱的黏土层的生成年代介于中生代的白垩纪（K）与新生代的第三纪（T，现称古近纪、新近纪）之间，这个时间在地质学上称为 K-T 界线。地球上的铱元素非常稀少，但来自天外的陨石中铱元素并不少，于是他们提出假说，认为铱浓度高的黏土层的最佳解释，是在 K-T 界线时期，曾有地球以外的天体撞击地球，接着他们进一步推测，陨

图 9.27　英国古生物学家理查·欧文

"恐龙"一词，是 1842 年由英国古生物学家理查·欧文（Richard Owen，1804～1892）创造的，因为它们的牙齿、利爪、巨大体型，以及其他令人印象深刻的恐怖特征，因此被称为"恐怖的蜥蜴"。中文的"恐龙"一词，最初由中国地质学家章鸿钊提出，后来在中文地区广泛使用

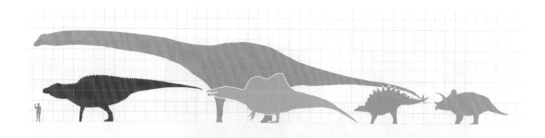

图 9.28　恐龙与人类大小比较

（来源：Matt Martyniuk，https://discover.hubpages.com/education/Facts-About-Dinosaurs-for-Kids）

在中生代的中晚期，几乎所有身长超过 1 m 的陆地动物皆为恐龙，恐龙家族极为庞大。前排从左到右分别为：巨型山东龙 –16 m（红）、埃及棘龙 –15 m（绿）、有蹄剑龙 –8 m（橘）、前突三角龙 –8 m（蓝）以及后面的乌因库尔阿根廷龙 –39 m（紫），最左边浅蓝色的为现代人类的尺度，每个网格部分代表 1 m^2

图 9.29　发现天体撞击地球的阿尔瓦雷茨父子：美国核物理学家阿尔瓦雷茨
（Luis Alvarez）（左）与他的儿子地质学家小阿尔瓦雷茨（Walter Alvarez）（右）

地球上的铱元素非常稀少，但阿尔瓦雷茨发现全世界生成于 6600 万年前的黏土中，铱的含量大量增加，他认为这些铱元素来自地球以外，是小天体碰撞地球时带来的，碰撞的时间在中生代的白垩纪（K）和新生代的第三纪（T）之间，提出了地质学上的著名的 K-T 界线。阿尔瓦雷茨还是 1968 年诺贝尔物理学奖的得主

石的撞击造成了全球性的大灾难，导致恐龙灭绝。

　　撞击事件短期内会造成高温，而扬尘会遮蔽天空，造成全球性长时间的气候变冷，大部分植物因无法光合作用而消失，草食性恐龙因没有食物而死亡，肉食性恐龙也因没有食物来源渐渐灭亡，仅有小型动物和少量植物幸存下来。古生物学家从地层学等证据发现恐龙灭绝的时间也是 K-T 界限。

　　如果真的发生了撞击，小天体星撞击地球的撞击坑在哪里？人们早就发现墨西哥湾周围铱元素含量非常高，但始终没有找到巨大的撞击坑。20 世纪 80 年代，石油公司在墨西哥探测时，意外地发现了这个直径近 200 km 的撞击坑。原来 6600 万年前形成的撞击坑，被以后沉积得厚厚的 1200 m 岩石覆盖了，因为大部分位于墨西哥的海湾中，很难从地表面发现（图 9.30、图 9.31）。

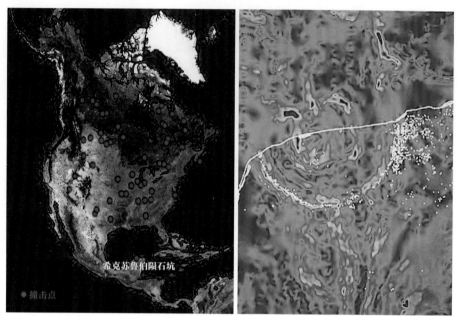

图 9.30　墨西哥尤卡坦半岛陨石坑（来源：Geological Survey of Canada）

（左）撞击坑在墨西哥湾的位置，大约在北纬 21°，西经 90°；（右）撞击坑是石油公司在墨西哥勘探石油时意外发现的，墨西哥湾的水平重力梯度图显示了深部存在着球形分布的重物质，撞击坑被埋藏在 1200 m 厚的石灰岩底下，直径约 200 km

图 9.31　墨西哥尤卡坦半岛来源于小行星撞击
（来源：Continental Dynamics Workshop/NSF）

6600 万年前，一颗小行星撞击了今天墨西哥尤卡坦半岛附近的浅海，小行星的最初爆裂形成了无数炽热的玻璃陨石，不仅覆盖了地球，一部分还到达了太阳系的其他行星和卫星，撞击产生的灰尘和煤烟使阳光无法照射到地球表面，光合作用几乎完全停止，大部分陆地植物和海洋浮游植物死亡，地球海洋和陆地的食物链都崩溃了，大约 75% 的物种灭绝，碳循环停止。那一刻，白垩纪结束，古近纪开始了

9.3.3
流星雨和陨石雨

　　来自太空撞击地球的岩石大小不一，大石头少，小石头多，越大的石头就越稀有。当这些石头以极快的速度撞击大气中的空气分子，燃烧变成气体，以至于发出光亮，就被称为流星。许多流星从天空中一个所谓的辐射点发射出来的天文现象，就被称为流星雨（图9.32）。

　　如果撞击地球的岩石大，穿过大气层时又没有被烧完，落在地面上就成了陨石。陨石是外太空的信使，是太阳系的免费礼物，但大多数陨落到沙漠、海洋和崇山峻岭之中，不易被人们发现。

　　1976年在吉林省吉林市北郊发生了一场蔚为壮观的陨石雨。陨石在下落过程中，不断发生破裂，在距地面19 km的高空又发生了一次主爆裂，大大小小的陨石碎块散落下来，形成陨石雨。陨石雨数量之多（共收集到138块标本）、重量之大（总重量超过2700 kg）、分布之广（东西长72 km，南北宽8 km，近500 km^2），世界罕见。其中，最大的"吉林一号"陨石重达1770 kg，是当时世界上最大的单块石陨石。

　　随着"吉林一号"陨石（图9.33）落地，落点附近翻滚着升起一股黄色的蘑菇状烟云，高约50 m。浓烟散尽，地面出现一个直径2 m、深6.5 m的陨石坑，溅起的碎土块最远达150 m。陨石雨造成的

图 9.32　1833 年狮子座流星雨的雕刻版画

震动相当于 1.7 级地震，地震波被吉林地震台和丰满地震台记录下来，使得吉林陨石雨的陨落有了准确的时间记录：1976 年 3 月 8 日 15 时 2 分 36 秒。

图 9.33　"吉林一号"陨石

1976 年 3 月 8 日呈雨状陨落在吉林市郊的陨石总重量达 2700 kg，其中最大的 1 号陨石重 1770 kg，体积为 117 cm×93 cm×84 cm，是迄今为止世界上收集到的最重的石陨石，图中标尺为 30 cm

🌐 9.4　太空垃圾

太空垃圾（space debris）是围绕地球轨道的无用人造物体，小到人造卫星碎片、漆片、粉尘，大到整个飞船残骸（图 9.34 ～图 9.36）。

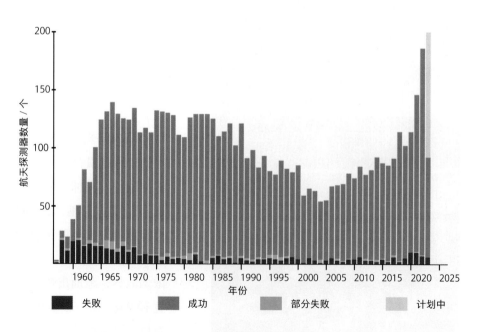

图 9.34　1957 年至今世界各国每年发射的航天探测器的数量
（浅蓝色代表计划发射的航天器，资料来源：wikipedia）

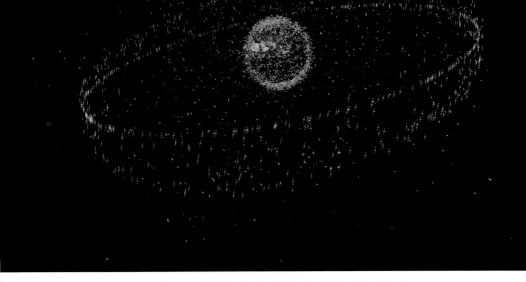

图 9.35　地球轨道上不断增加的卫星（来源：ESA）

随着航天事业的发展，地球轨道上的卫星数量稳步增加——平均每年增加 200 个，图片中显示的卫星是艺术家基于实际密度数据的示意图，卫星的尺寸被放大使它们可见

图 9.36　太空垃圾（来源：ESA）

人类越来越多的污染早已使地球不堪重负，而万里之遥的太空也面临同样的问题，上百万个大小不一的太空碎片已不能简单地称之为垃圾，更像是一触即发的地雷，时刻威胁着在轨航天器与地球的安全

美国联邦通信委员会（FCC）在 2019 年 4 月批准，Space X 公司将用 10 年左右的时间发射 12 000 颗卫星进入近地轨道，10 月，SpaceX 又宣布将追加三万颗"星链"卫星。目前仍在轨的人造卫星就有 2000 颗左右（2020），按照目前 12 000 颗的"星链计划"（图 9.37），届时大量人造卫星、太空垃圾将漂浮在这片区域当中，导致近地空间越来越拥堵。

尽管马斯克保证每颗星链卫星都将"能够追踪在轨碎片并自动规避碰撞"，并且卫星在到达寿命后将自动脱离轨道，但如果它们在轨道上受到损坏或者未能成功分散开，这些卫星仍旧会造成严重问题。

图 9.37　全球网络覆盖——"星链计划"：
60 颗星链卫星堆叠装载入火箭整流罩
（来源：Space X）

航天专家们已经开始研究限制空间垃圾的产生，以及消除空间垃圾的办法。如：将停止工作的卫星推进到其他轨道上去，避免同正常工作的卫星发生碰撞；用航天飞机把损坏的卫星带回到地球，以减少空间的大件垃圾；在地面上用激光来去除太空中的小型垃圾。如果人类不能积极地控制卫星的数量和消除太空垃圾，那么人类在太空中也会像在地球上一样缺少空间。

近些年，为了能够更好地利用太空空间，我国将建设完善的小行星监测预警系统。2021 年 10 月 23 日，第一届全国行星防御大会在广西桂林召开。2022 年，多家机构决定组建近地小行星防御系统，共同应对近地小行星撞击的威胁，确保太空中的航天器安全稳定有序运行，为保护地球和人类安全贡献中国力量。

第十章

人与
自然

地球是我们的家园，我们首先要知道这个家园的结构和环境、家园的历史、家园的主人和邻居等基本情况。

10.1　认 识 地 球

10.1.1
地球的构成

地球的形成始于约 46 亿年前，是太阳系中的星云物质逐渐凝聚而成的。在凝聚过程中，不同元素的密度差异和重力作用导致了元素的分层，形成了地球的基本结构。密度大的元素如铁、镍最先分离出来并向地心集中，形成了现在的地核。而那些轻一些的元素如硅、氧等则向地球表面聚集，形成地壳。地幔位于地核与地壳之间，由硅、铁、镁、铝等元素组成。随着时间推移，地球内部物质在高温高压下经历了熔融结晶等多种复杂的物理和化学反应过程，进一步促进了圈层结构的演化。如今我们把地球表面附近的地球环境分成四个圈层：大气圈、水圈、生物圈和岩石圈。

首先是大气圈，它是围绕在地球表面上的气体层，由氧气、氮气、二氧化碳等多种气体组成，以水蒸气、云、雾等各种形态存在。大气圈不仅为人类和动植物提供生命所需的氧气，也调节着太阳辐射，维持地球的宜居环境。同时，大气圈能过滤掉部分紫外线和射线，起到保护地球生物体的作用。但是，大气圈中的温室气体如二氧化碳、甲烷等能够引发全球气候变化。

其次是水圈，地球的表面大约 29.2% 是由大陆和岛屿组成的陆地，剩余的 70.8% 被水覆盖，包括海洋、湖泊、河流、冰雪和其他水体。水圈是地球表面水分的分布及循环层，它不仅是生命的重要来源，也是自然环境的重要组成部分，参与各种物质和能量的交换和转移。水圈的循环、平衡和稳定对地球生态系统的健康至关重要。

第三是生物圈，它是地球上所有生物体的居住和活动层，包括植物、动物、微生物等。生物圈是地球上最为复杂和多样化的系统之一，它参与了生态平衡和物质循环的维持和调节。生物圈中的各种生物体之间相互依存、相互作用。人类是生物圈的重要成员，同时人类活动也对生态系统的平衡和稳定性产生了重大影响和改变。

最后是岩石圈，它是地球表面的岩石和土壤层，由地壳和上部地幔构成。它是地球最外层的硬壳，分为几个刚性构造板块。这些板块受地幔对流的影响，在地表不断迁移，形成了大陆、洋底和火山等自然地貌。岩石圈研究对了解地球的构造和演化，以及预测和防范自然灾害具有重要意义。

从地球形成到现今，从地核到大气，从细菌与岩石的相互作用到造山运动的热对流及板块构造，地球系统的各个圈层以人类意想不到的方式相互联系与作用，对地球上的一切生命和自然现象产生了深刻的影响。

10.1.2
地球上的生命

地球刚刚形成时，地球的原始大气主要由氢气、氦气组成，这些气体主要来自于太阳系形成时释放的气体和行星物质，由于原始大气质量较小，并没有像现在的大气层一样被地球引力所束缚，最终在数亿年的时间里，逐渐被太阳风和地球热量所驱散。随着地球的冷却，地球的引力逐渐增强，开始能够捕获和保留原始大气中的其他气体，氨、甲烷、水蒸气和二氧化碳等气体逐渐增多。约 40 亿年前，地球表面的水蒸气逐渐冷凝成水滴，形成了早期海洋，一系列复杂的化学反应在这个生命的摇篮中酝酿。

大约 38 亿年前，地球上出现了最早的生命形式，一些单细胞的原核生物，这时候的大气层对生命来说还是不太友好，需要进一步改造。终于，能够进行光合作用的蓝藻出现了。这种原核生物繁衍生息，使大气中的二氧化碳含量下降，氧气含量上升。24 亿～21 亿年前，地球大气发生了一次"革命性"变化，氧气含量显著增加，被称为大氧化事件，这个事件是地球生命演化中的一个重要转折点，对地球产生了深远的影响，生命由此加速繁衍和演化。从海洋到陆地，从极地到热带，生命的形式也越来越多样化。

为了更好地理解地球的生命演化历史，法国科学家里夫将 46 亿年的时间压缩成了一天，各种生物依次上台，唱响了这场生命的交响曲：这一天的前 1/4 的时间，地球上是一片死寂；时针指向凌晨 6 时，最低级的藻类开始在海洋中出现，它们持续的时间最长；一直到了 20 时，软体动物才开始在海洋与湖沼中活动；23 时 30 分，恐龙出现，但只"露脸"了仅仅 10 分钟便匆匆离去；在这一天的最后 20 分钟里，哺乳动物时代来临，并迅速分化；23 时 50 分，灵长类的祖先登场；在最后的 2 分钟里，它们的大脑扩大了 3 倍，成为人类。地球历史仿佛一场精彩而隆重的演出。

然而，有人登台，就要有人离场。这漫长的过程，不仅是动植物生死轮回的过程，也是无数物种由诞生到灭绝的过程。根据化石考证，地球至少经历过 5 次生物大灭绝和若干次小型的生物灭绝事件（图 10.1）。这些远古时代生物灭绝的研究对我们现在和未来的生存都有着现实意义。在地质学研究中，有一个重要的思维方法叫"以古论今（未来）"，了解过去的最终目的是更好地了解当前的现状并预测未来。如果我们能意识到我们的地球也正处在新一轮的生物大灭绝时期，我们就会更加珍惜现在人类的唯一家园。

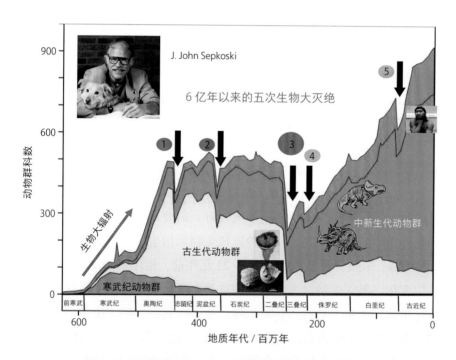

图 10.1　地球生物灭绝事件（来源：修改自 Sepkoski, 1984）

地球上的生物灭绝事件可以分为 5 次大事件，分别是：①奥陶纪末大灭绝：发生于 4.4 亿年前的奥陶纪末期，约 85% 的物种灭绝，受影响的主要是海洋生物。②晚泥盆世大灭绝：发生于 3.65 亿年前的泥盆纪晚期，对海洋生物造成了极大的破坏，约 75% 的物种灭绝。③二叠纪末大灭绝：发生于 2.5 亿年前的二叠纪末期，导致超过 96% 的地球生物灭绝，包括陆生和海洋生物。④三叠纪末大灭绝：发生于 2 亿年前的三叠纪晚期，对爬行类动物造成了重创，约 80% 的物种灭绝。⑤白垩纪末大灭绝：发生于 6500 万年前的白垩纪末期，导致曾长期统治地球的恐龙整体灭绝，同时也是一次陆海生态系统大变革的事件。每次生物灭绝事件对地球生态环境和生命的演化都产生了深远的影响

生物大灭绝是指大规模的集群灭绝，经常是很多不同的生物类群一起灭绝，集群灭绝对动物的影响要比对植物的影响更显著。灭绝的原因有各式各样的争论，如陨石撞击说、超新星爆炸说、气候改变说、火山活动说等。几乎没有争议的是，绝大多数生物科学家认为这些灭绝是由地球上的自然变化引起的。

10.1.3
宜居地球

地球是一个适合人类居住的星球。在太阳系的天体中，地球的条件是得天独厚的。地球离太阳不太近，温度不会太高；离太阳也不那么远，温度也不会太低，具有最适于生物生存的地表温度，全球地表平均气温约为15℃左右。

地球是我们生存的家园，它的70%被浩瀚的海洋覆盖着，这些海洋形成于约40亿年前，长期以液态存在至今。地球上的江河湖海组成了独特的水循环系统，这个系统让水分子在地球上不断循环流动，为生命的存在提供了基础条件。

与其他行星不同，地球拥有板块构造。板块构造让地球内部的物质得以循环利用，为地表生物提供了养分和资源。地球蕴藏着各种自然资源，如石油、天然气、金属矿产等，这些资源为我们的生活和发展提供了重要支持。

地球上的大气圈中，氧气占据了五分之一。这种氧气是由单细胞生物在漫长的历程中产生的，正是这种氧气的存在，促进了生命的多样化和进化。氧气的存在也为我们的生存提供了最重要的元素。

地球生物圈生产了很多对人类有益的生物制品，比如食物、木材、药品等，同时还能够回收利用很多有机废弃物。陆地上的生态系统需要表层土壤和淡水来维持生态平衡，而海洋生态系统则利用陆地冲刷入海的溶解养料来维持生态平衡。人类利用各种建筑材料在陆地上建造自己的住所。

但是，地球上也有一些不利人类生存的事情发生。热带气旋、台风等极端天气影响了受灾地区生物的存亡。另外，地幔对流带动板块移动，并引起地震和火山活动等环境危害。地球的天然环境危害还包括山火、水灾、山崩、雪崩等，均会造成死亡。人类的活动也会带来一些环境问题，如水污染、空气污染、酸雨、有毒物质、过度放牧、乱砍滥伐和沙漠化、野生动物的死亡、物种灭绝、土壤退化和侵蚀、水土流失、全球变暖、重大天气转变、海平面上升等（图10.2）。

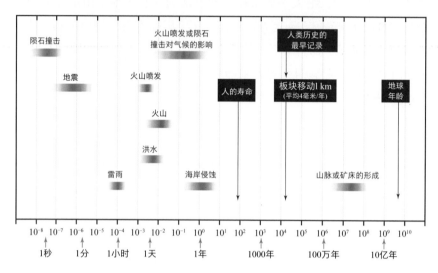

图 10.2 不同时间尺度下的各种事件

有些事件发生时间很短，如地震、火山喷发、台风、风暴潮等。另一些事件会延续很长的时间，如海岸侵蚀、温室效应、全球变暖等

作为人类和其他生命的家园，地球不仅满足了我们的物质需求，如空气、水、食物等，还支持着我们的文化、社会和精神生活。但是，动态的活力地球，它的变化也能给在地球上生活的人类带来不幸，带来灾难。我们必须认识地球的动态性、复杂性和多样性，以及地球对生命的重要性，力求做到"绿色发展"和"科学减灾"，以确保我们的未来和我们的后代能够继续享受这个美丽的星球。

🌐 10.2 敬 畏 自 然

地球是一颗活动的星球，今天的地球正处于星球的壮年活动期，仍然每时每刻都在不断地发生变化。一旦地球的变化出现异常，超出了人类社会的承受能力，就会造成人员伤亡、财产损失、社会失稳、资源破坏等现象，形成灾害。

10.2.1
地球发脾气

地球的变化有时很缓慢，甚至人类都感觉不到这种变化，反而觉得大自然非常温柔可爱。但有时变化极其迅速，就像生气发脾气一样，会给人类造成巨大的灾害。我们从下面的几个例子，了解一下地球的脾气有多么大。

公元 79 年 8 月 24 日，意大利维苏威火山突然爆发，在短短的几天内，大量的火山灰将毫无防备的庞贝城彻底掩埋到深 3～6 m 的地下，约 2000 人死亡，占当时全城人口的 1/10（图 10.3）。

图 10.3　维苏威火山爆发掩埋庞贝古城（来源：Pearson Prentice Hall, Inc）
火山喷出的有害气体使得庞贝城中居民死亡，埋在火山灰中，从遇难者死亡姿态的排列，就可以知道死亡来得多迅速，遇难者根本没有起身逃跑的时间

1923 年 9 月 1 日，一场 7.9 级大地震席卷了东京及周边地区，造成超过 14 万人死亡，超过 20 万人受伤（图 10.4）。由于东京木制建筑较多，地震引发火灾，起火点很多，在高层楼房之间形成"火流"，让人目不忍睹。东京有 4 万余人逃到一处空地，不想正处于"火流"流窜处，3.3 万人因无路可走而活活烧死在这块空地上。这次地震还引发了海啸，高达 9 m 的海浪，

图 10.4 1923 年日本关东大地震东京市中心震后景象
（来源：SiberHegner，http://www.japan-guide.com/a/earthquake2）

1923 年，日本东京附近发生 7.9 级强烈地震。地震引起全城大火，同时还引起了严重的滑坡和泥石流灾害，日本的首都东京在短短几分钟就被大自然摧毁了

扫荡沿岸的公共设施和村庄。这次地震还引起土石崩落，导致根府川车站的火车连同站台坠落大海，造成百余人死亡及失踪。

2004 年 12 月 26 日，印度尼西亚苏门答腊附近海域发生大地震，震中在水深超过 1000 m 的深海，震级高达 9 级，是印度洋地区历史上发生的震级最大的地震，产生了巨大的海啸。震中为无人居住的海洋，故地震本身造成的伤亡不大。但地震引发的海啸，造成了极为严重的伤亡。印度尼西亚亚齐省（今亚齐特别行政区）的首府班达亚齐是一个海滨城市，距大地震震中约 250 km，遭受了十分严重的海啸灾害。约半小时后，地震引发的海啸袭击了班达亚齐，造成数百人死亡，海滩成为了"露天停尸间"，尸体随处可见，情景十分惨烈（图 10.5）。地震产生的海啸，袭击了几百、几千千米外的印度洋周围的不设防的海岸带，波及印度尼西亚、斯里兰卡、泰国、印度、马来西亚、孟加拉国、缅甸、马尔代夫等国，遇难者总数两周内已超过 30 万人。印度尼西亚地震海啸灾害是印度洋地区百年不遇的特大天灾。

图 10.5　海啸过后的露天停尸间
（来源：Achmad Ibrahim/ 法新社）
印度洋地震海啸后，印度尼西亚班达亚齐尸横遍地，迷人的海滩在灾难过后已经成为"露天停尸间"，到处都可以看见尸体，惨不忍睹

2005 年 8 月中旬，飓风"卡特里娜"进入了墨西哥湾后，风力迅速增强达到 280 km/h，在美国登陆后，给路易斯安那州造成灾难性的破坏。路易斯安那州新奥尔良市地理条件特殊，平均海拔在海平面以下。"卡特里娜"带来的巨浪和洪水冲毁防洪堤，该市 80% 的地方遭洪水淹没，90% 的建筑物遭到了毁坏（图 10.6）。"卡特里娜"飓风整体造成的经济损失可能高达 2000 亿美元，成为美国史上破坏最大的飓风，这也是美国死亡人数最多的飓风，灾区有 30 万至 40 万儿童无家可归，位于灾区的两处航天设施也遭飓风摧毁性破坏。

针对国内民众对这次灾难的质疑和批评，美国政府一个月后宣布，联邦紧急措施署（FEMA）署长迈克尔·布朗被撤职查办，并推出房屋重建计划，帮助该州在卡特里娜飓风中损失惨重的居民重建家园（图 10.7）。

图 10.6　美国新奥尔良受飓风灾害前后的卫星照片（来源：NASA）

2005 年 8 月，"卡特里娜"飓风登陆新奥尔良市时为 5 级飓风（中心平均风速高达 280 km/h，美国历史上 1851 年有记录以来只遭受过三次 5 级飓风的袭击），该市 80% 的地方遭洪水淹没，90% 的建筑物遭到了毁坏。飓风整体造成的经济损失可能高达 2000 亿美元，成为美国历史上破坏最大的飓风，也是死亡人数最多的美国飓风（至少有 1833 人丧生）

图 10.7 新奥尔良市维持治安（来源：Irwin Thompson/The Dallas Morning News）

"卡特里娜"飓风袭击时，新奥尔良市出现了无政府状态的混乱局面，部分地区出现抢劫、烧杀、枪战和强奸。300 名刚从伊拉克撤回的美国国民警卫队队员被派往新奥尔良市维持治安，并被授权随时开枪击毙暴徒。196 名墨西哥官兵 2005 年 9 月 8 日乘车越过边境进入美国，协助灾区的开展救灾工作。这是 159 年来墨西哥部队首次踏上美国领土

类似地球发脾气的事件还有很多，表 10.1 给出了历史上最著名的一些事件。

表 10.1 世界上一些重大的自然灾害

灾害	灾情
1556 年陕西华县大地震	死亡人数近 83 万，"山川移易，道路改观"、"民庐官廨、神宇城池，一瞬而倾圮矣"，是历史记载死亡人数最多的一次地震灾害
1755 年里斯本大地震	葡萄牙是靠航海崛起的第一个大国，1755 年大地震和海啸是崛起大国葡萄牙衰落的重要原因。1755 年里斯本地震影响到西方的文化，突出了关于"人和自然"的讨论

续表

灾害	灾情
1906 年美国旧金山 8.3 级地震	6 万余人遇难。近 10 万人逃离城市。社会秩序一度混乱，抢劫杀人等事件多有发生。市长当天发布了紧急的《市长令》，全城进入非常时期，是灾害应急管理的著名先例
1923 年日本关东 7.9 级大地震	死亡人数超过 14 万，受伤人数超过 20 万。地震引发大火，市中心 3.3 万人因无路可走而被烧死。地震还引起海啸、山崩和滑坡，这次地震提出了城市综合减灾和防灾问题
2008 年 5 月 12 日 汶川 8 级大地震	近 7 万人死亡，引起的滑坡灾害损失约为这次地震总损失的三分之一。提出了"灾害链"的问题。自 2009 年开始，每年的 5 月 12 日是"全国防灾减灾日"
公元 79 年意大利 维苏威火山突然 爆发	火山突然喷发的火山灰将庞贝城彻底掩埋到深 3～6m 的地下，约 2000 人死亡，1748 年后，人们才发现并挖掘了庞贝地下古城
1815 年印度尼西亚 坦博拉火山爆发	人类历史上最大规模的火山爆发之一，7.1 万人死亡。喷出火山灰多达 150 km^3，笼罩着大半个地球达一年之久。1816 年在历史上被称为"无夏之年"
1986 年喀麦隆火山 湖 CO_2 突然喷发	喀麦隆尼奥斯火山湖湖底大量聚集的 CO_2 突然喷发，形成约 50 m 厚的紧贴地面致命云层，笼罩半径超过 23 km。近 1800 多人丧命，6000 多头牲畜死亡
1200 年（前后）长 白山火山喷发	长白山火山的一次大喷发，喷出的火山灰远至日本海及日本北部。蓄水约达 20 亿 m^3 的天池开始形成
1542 年湖北秭归 滑坡	秭归大滑坡，致使长江断航达 42 年之久。1985 年湖北秭归新滩大滑坡，约 2000 万 m^3 的滑坡体冲入长江，导致停航 12 天。由于有预报和预警，人员提前撤离，无人伤亡
1933 年四川茂县 滑坡	1933 年四川茂县发生 7.5 级大地震，引起大型滑坡，阻塞水量丰富的岷江，造成许多堰塞湖。2006 年，茂县滑坡再次危害公路，堵塞岷江
1987 年孟加拉国 洪水	孟加拉国历史上最大的一次水灾。64 个县中有 47 个县遭受洪灾。2000 多人死亡，2.5 万头牲畜淹死，200 多万吨粮食被毁，受灾人数达 2000 万人
1998 年长江洪水	是继 1931 年和 1954 年两次洪水后，20 世纪发生的又一次全流域型的特大洪水之一；受灾面积 3.18 亿亩^①，受灾人口 2.23 亿人，死亡 4150 人，直接经济损失达 1660 亿元

① 1 亩 ≈ 666.67 m^2

续表

灾害	灾情
1975 年驻马店水库垮坝	8 月，受强降雨影响，河南省驻马店附近共计 60 多个水库相继发生垮坝溃决，约 1000 万人受灾，2.6 万人死亡，直接经济损失近百亿元，成为世界最大最惨烈的水库垮坝惨剧
20 世纪 60 年代末期非洲撒哈拉沙漠旱灾	波及范围最广、影响最为严重的一次大旱，遍及 34 个国家，受灾人口 2500 万人，逃荒者逾 1000 万人，累计死亡人数达 200 万以上。仅撒哈拉地区死亡人数就超过 150 万
明朝崇祯旱灾	明崇祯年间，华北、西北从 1627 年到 1640 年发生了连续 14 年的大范围干旱，"赤地千里无禾稼，饿殍遍野人相食"。这次特大旱灾加速了明王朝的灭亡
2004 年印度尼西亚苏门答腊海啸	近海 9 级大地震产生的海啸，袭击印度洋周围的多个国家，灾害极为严重。遇难者总数两周内超过 30 万人。引起了全世界对印度洋海啸的重视
1896 年日本"明治海啸"	明治 29 年日本海域 8.5 级大地震引发的海啸波到达日本东海岸，水位高达 38.2 m，造成 21 900 多人死亡，船舶损失 5720 多艘。这次海啸被称为"明治海啸"
2011 年东日本海啸	海域 9.0 级大地震引起海啸，约 16 000 人死亡、2600 人失踪，福岛核电站泄漏，为日本二战后伤亡最惨重的自然灾害。日本政府宣布，每年 3 月 11 日定为"国家灾难防治日"
1960 年智利海啸	智利近海发生 9.5 级特大地震（人类有仪器之后记录到的地球上最大的地震），地震产生的巨大的海啸波以飞机的速度传遍了整个太平洋。袭击了夏威夷和日本
1970 年 5 月秘鲁大雪崩	大地震引发大雪崩，泥石流，将瓦斯卡兰山下的容加依城全部摧毁，合计死亡人数达 5.2 万人之多，造成的经济损失超过 5 亿多美元
2005 年美国"卡特里娜"飓风	美国历史上遭受的最大的 5 级飓风，也是美国死亡人数最多（1833 人）的飓风，灾区有 30 万至 40 万儿童无家可归。多处航天设施遭飓风破坏。美铁火车服务中断
1922 年汕头台风	8 月 2 日，太平洋台风在汕头地区登陆。海水陡涨 3.6 m，沿海 150 km 堤防悉数溃决，汕头城平均水深 3 m，死亡 7 万多人
2013 年超强台风"海燕"	11 月上旬，2013 年全球强度最强的台风"海燕"在菲律宾登陆，造成 6300 人死亡、1062 人失踪，经济损失 43.9 亿美元。"海燕"造成中国 30 人死亡、经济损失 7.5 亿美元
2019 年澳大利亚大火	9 月发生大火，燃烧了 4 个月。10 亿只动物被大火波及，至少 5 亿只动物在火灾中惨死，超过 2 万只澳大利亚国宝动物袋鼠在大火中死亡，三分之一的考拉丧生

灾害	灾情
2020 年西宁公路塌陷	1 月 13 日青海西宁南大街发生路面坍塌，一辆公交车陷入其中，10 人遇难。城镇化率已接近 70% 的中国，地面塌陷问题对城市道路带来了威胁，提出新的减灾任务
1908 年通古斯大爆炸	6 月陨石在大约离地 6 至 10 km 的上空爆炸，产生的爆炸效果与约 1000 万吨级的 TNT 炸药相当。如果晚到 8 小时，它就可能把伦敦城变成一片瓦砾场

10.2.2
人为事件和自然事件的能量比较

在日本广岛上爆炸的原子弹，相当于 1.5 万 t TNT 炸药放出的能量（6.3×10^{13} J，或为 1.5×10^7 度电，提示：1 度电等于 3.6×10^6 J，1 t TNT 炸药放出的能量 = 4.2×10^9 J）。

秦山核电站 1 期发电 172 亿度电（6.2×10^{16} J）（据中国电力企业联合会官网）。

三峡水电站 2022 年发电 1000 亿度电（3.6×10^{17} J）。

2008 年汶川 8 级地震释放地震波能量约为 10^{17} J（据中国地震局），地震波能量约占地震总能量的 5% ～ 10%，因此汶川地震释放能量为 10^{18} J（3×10^{11} 度电），接近 20 000 颗广岛"小男孩"原子弹的能量。

人类有记录的震级最大的地震是 1960 年 5 月 22 日智利发生的 9.5 级地震，类似的算法可以知道，它释放的能量相当 100 万颗广岛原子弹的能量。

迄今为止地球上最大的能量事件是在 6600 万年前一颗直径 10 km 的小行星以 20 km/s 的速度（相当于高速飞行的子弹的 20 倍），垂直撞击中美洲墨西哥尤卡坦半岛，撞击产生的能量约为 10^{24} J。学术界多数人认为，这次撞击事件造成了恐龙的灭绝。

从上面的比较可以看出，自然界的事件力量实在是太大了（图 10.8）。

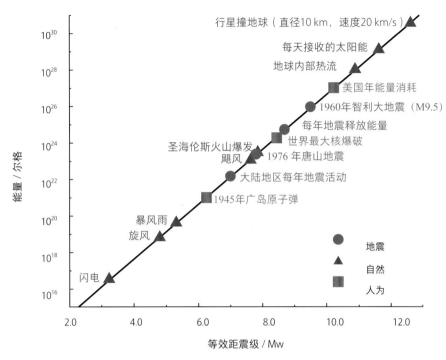

图 10.8 地震和其他自然现象能源释放量对比

地球上一些自然现象的能量。10 km 直径小行星撞击地球能量约为 10^{24} J，1966 年太平洋 HERB 台风能量约为 10^{20} J，1960 年智利 9.5 级地震能量约为 10^{19} J，1980 年美国圣海伦斯火山爆发能量约为 10^{17} J，1976 年唐山地震释放地震波能量为 10^{16} J，1945 年日本广岛原子弹能量为约 10^{13} J，中等闪电能量为约 10^{9} J。作为对比，三峡水电站一年发电量 1030 亿 kW·h（3.6×10^{17} J，2020 年数据），秦山核电站发电量为 500 亿 kW·h（1.8×10^{17} J，2021 年数据）。本书没有把小行星撞击作为地球活动的能量来源，因为这样的事件 6600 万年才发生一次

10.2.3
不敬畏自然、不顺应自然，会遭到惩罚

　　人类和自然的关系，可以打一个不准确的示意性比喻：大自然像一列行走的火车，人只是火车上行走的一个人。在人和自然的关系上，自然是大主角，人类是小配角。我们必须敬畏自然，尊重自然、顺应自然。不顺应自然，不按自然规律办事，结果遭到大自然报复也有很多的例子。

　　黄河既是中华民族的母亲河，也是河岸人民的忧患。1952 年毛泽东主席视察黄河后就写下"一定要把黄河的事情办好"的嘱咐。

为了治理洪水，人类建了许多水坝，每一座建成或毁弃的水坝，都是一座纪念碑，有的记载人类征服和改造自然的丰功伟绩，有的却留下大自然报复人类的痕迹。

20 世纪 60 年代，我国要在黄河中游修建三门峡水库，当时委托苏联列宁格勒水电设计院进行设计。1956 年苏方提出"高水位蓄洪拦沙"方案。清华大学的黄万里教授就提出不同意见。最有意思的是，一位刚出校门的青年技术员温善章两次向国务院提出他的意见，反对苏方的方案，主张"低水位泄洪排沙"。温善章的败北是难以避免的，因为双方地位悬殊，加上人们治理黄河的愿望如此强烈，所以"胜负之数，无待蓍龟"。

1960 年 9 月，三门峡水库工程建成蓄水，投入运用。谁都没有想到，大自然的报复竟是如此的无情和迅速！运行后一年，水库内就猛淤泥沙 15 亿 t，运行后两年，淤泥沙 50 亿 t，直逼西安。1964 年，国务院紧急召开治黄会议，周恩来总理亲自主持会议，决定工程必须改建，降低水位，增加泄洪排沙能力，降低蓄水位，这又向"温善章方案"靠近一步。

周恩来的伟大之处，不仅在综合各方面意见指出了正确方向，而是在会议期间他说过的那些话："底孔排沙，过去有人提过，温善章是个刚从学校毕业不久的学生……，当时把他批评得很厉害。我们要登报声明，他对了，我们错了，给他恢复名誉"、"当时决定三门峡工程就急了点。头脑热的时候，总容易看到一面，忽略或不太重视另一面，不能辩证地看问题。"讲得多好啊，这才是一个伟人应该讲的话，可惜愿意和敢于这么讲的人太少了（潘家铮，2011）。三门峡水库失误的原因主要是对黄河水沙运行规律认识不足，最初提出的蓄水拦沙治黄方略被证实是错误的。

人来自于自然、依赖于自然，人因自然而生，是自然界长期发展的产物；人可以认识自然、改造自然、使自然界为自己服务。但是人的活动必须始终遵循自然规律，绝不能凌驾于自然之上。如果人类不敬畏自然，不尊重自然规律，不保护自然，那么就会受到自然界的报复。

10.3 和 谐 共 生

讨论人和地球的关系时，除地球的变化以外，人类本身也在不断地发生变化。

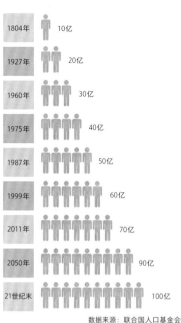

数据来源：联合国人口基金会

图 10.9 世界人口每增长 10 亿所需时间

联合国人口署给出了世界人口每增加 10 亿所用的时间。
从自然灾害角度看，成灾因子袭击的对象——承灾体
是越来越大了

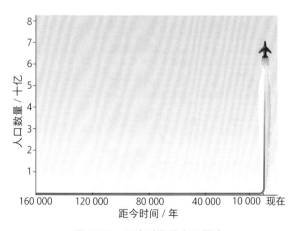

图 10.10 历史时期的人口增速

地球年龄已超过 45 亿年（4.5×10^9 年），来看看最近的 16
万年（1.6×10^5 年）地球上的变化，如果把人也看成是地球
系统的一部分，那么地球上最大的变化莫过于人口的增加了，
如果地球带给人类的资源基本不变，人口增加，人均数量的
减少会影响社会的可持续发展

10.3.1 人类的巨大变化

　　人是生物圈中最重要的部分，人类是
改造自然的强大的力量，也是最容易遭受
自然灾害的脆弱群体。最近一段时间，生
活在地球上的人类也发生了巨大的变化：
人口快速增加，快速集中（城市化），
人类财富不断增加和人类社会抗御地球
变化能力不足（易损性）（图 10.9～图
10.11）。

图 10.11 地理学家胡焕庸

胡焕庸于 1935 年提出从东北黑河到云南腾
冲连线作为我国人口密度的对比线，国际上
称其为胡焕庸线。该线东南半壁占全国国土
面积 44%、占总人口的 96%。2000 年我国第
5 次人口普查数据：该线东南半壁占全国国
土面积的 43.8%，占总人口的 94.1%，"胡焕
庸线"两侧的人口分布比例，与 70 年前相差
不到 2%。但是，在线之东南生存的人口已
经由当年的 4.3 亿增长到 12.2 亿，几乎增长
了 2 倍。胡焕庸线不仅是人口界线，同时也
是一条中国生态环境界线，与中国 400 mm
等降水量线重合

除了人口的快速增长，财富的增加和人口的分布也发生了巨大的变化（图 10.12～图 10.15）。

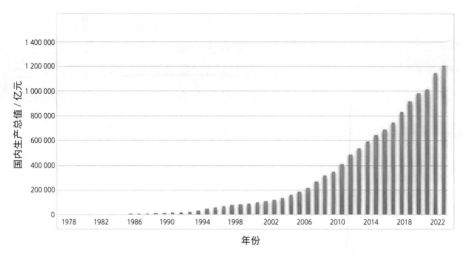

图 10.12   1978 年以来中国的国内生产总值（GDP）（数据来源：国家统计局）

用 GDP 作为社会财富的间接测量，社会财富的增长可以从中国的国内生产总值（GDP）的发展趋势看出，从 1978 到 2022 短短的 40 多年，中国的 GDP 已超过了 120 万亿元，增长了上百倍! 在地球 46 亿的历史中，40 年可能连"一瞬间"都算不上，但是在"人和自然"的共同系统中，"人"的部分发生了令人想不到的巨大变化

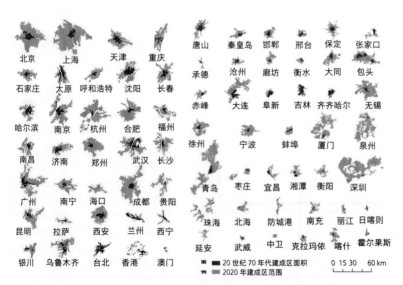

图 10.13   1972～2020 年中国城市化进程（来源：中国科学院空天信息创新研究院，2021）

蓝色区域为 1972 年的城市规模，红色区域为 2020 年的城市规模。除了人口快速增长，人口城市化的迅速发展，给减轻自然灾害提出了新的问题，城市灾害学的问题变得越来越重要

图 10.14　拥挤的东京（来源：Pixabay）

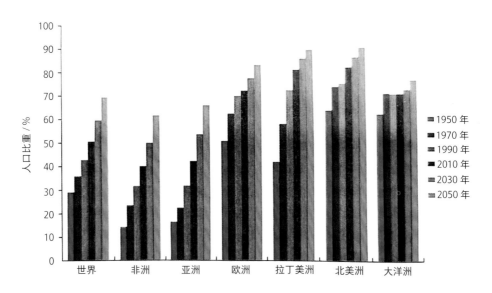

图 10.15　1950 ～ 2050 年世界各大洲的城市人口比重（来源：联合国人口署，2010）

　　早期，灾害造成的破坏主要是人口伤亡、房屋倒塌、桥梁破坏、财产损失等。近年来，自然界变化对人的影响从个别人扩大到人类社会。1994年1月17日，美国洛杉矶附近人口密集的北岭（地名）发生里氏6.6级地震（图10.16），因为洛杉矶城市建筑具备非常好的防震功能，地震造成的死亡人数仅57人。但是地震的经济损失却高达300亿～500亿美元。这是因为洛杉矶地区是全美第二大城市带，经济密度相当高，灾害的放大效应非常明显，形成了低人口死亡率、高经济损失率的灾情特征。这一事件再一次将灾害的影响由人扩大到人类社会。

图 10.16　电影《洛杉矶大地震》海报

北岭（洛杉矶附近的小城市，地名）地震后，电影《洛杉矶大地震》问世了。一个不大的6.6级地震，极低的人员伤亡率，引起全美国社会的高度重视，还专门拍出电影的原因是，这次地震影响的不仅仅是当地的居民，还有整个美国的经济和社会

10.3.2
和谐共生，绿色发展

　　人与自然是生命共同体。人来自于自然、依赖于自然，人是因自然而生的，是自然界的长期发展的产物；人类社会早期，人类和大自然界中的动物一样服从于自然的权力，人类是消极的顺从和敬畏自然；后来，生产工具的改进，人类对于开发和改造自然的能力在提高，自然界和人类较为和谐；工业革命之后，特别是进入现代科技发展的时代后，人类观念也开始在发生变化，人类的力量快速强大后，部分人出现了"人类主宰自然""人定胜天"的思想，人类开始凌驾于自然界之上，"人类主宰自然"的想法使人与自然处于对立关系；伴随人类在改造和征服自然的过程中自然对人类这种想法的报复，地球生态环境的恶化，人们也开始转变理念，认识到

人与自然要和谐共生，开始认识地球，敬畏自然。人可以改造自然、使自然界为自己服务，可以通过劳动，按照对自己有用的方式把自然界中天然存在的物质要素变成适合自己需要的东西，但是人的活动必须始终遵循自然规律，绝不能凌驾于自然界之上。人类虽然可以能动地支配自然、改造自然，但是如果人类不尊重自然规律，不保护自然。那么，人类就会受到自然界的报复。

10.4 科 学 减 灾

10.4.1
严重的自然灾害

慕尼黑再保险公司（Munich Re Group）统计了全球的自然灾害，发现从 1980～2010 年的 30 年间，灾害有不断增长的趋势（图 10.17）。

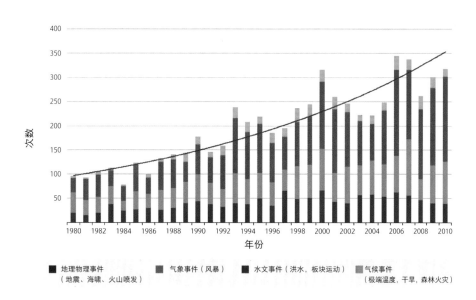

图 10.17 1980～2010 年亚洲发生自然灾害的次数和趋势统计

（来源：Münchener Rückversicherungs-Gesellschaft, Geo Risks Research, NatCatSERVICE, 2011）

图中的气象事件、水文事件、地球物理事件和气候事件分别发生在地球的大气圈、水圈、岩石圈和生物圈

　　仅仅通过灾难造成的经济损失来计算灾难的严重程度没有代表性。发展中国家由于物价和劳动力低廉，往往折算的灾难损失相对低得多，被灾难真正影响到的往往是穷人中的穷人。对他们来说，自然灾害危及的是生命。因此，从灾害导致的人口伤亡来统计，发展中国家遭受的损失是最大的（图10.18～图10.20）。联合国国际减灾战略署2016年的一份研究报告《贫穷与死亡：1996至2015灾害死亡率》指出，自然灾害导致的死亡人数与收入和发展水平直接相关；过去20年中，中低收入国家死于自然灾害的人数为122万，占全球总比例的90%。

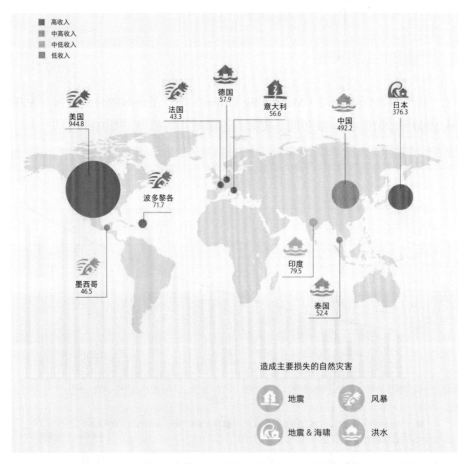

图 10.18　1998～2017 年自然灾害造成重大经济损失的十个国家（单位：10 亿美元）

2018 年 10 月 11 日，联合国国际减灾战略署（United nations international strategy for disaster reduction, UNISDR）发布报告称自然灾害正在急剧增加。1997～2017 年期间，全球重大自然灾害有 7255 件，全世界因为自然灾害有 130 万人死亡，44 亿人受伤或失去生计，同期造成的财务损失为 2.9 万亿美元，比上一个 20 年（1978～1997 年）增加 2.2 倍

图 10.19　临时停尸间

2004 年印度尼西亚地震海啸袭击了印度洋周围的许多国家，遇难人数超过 30 万人。这张《临时停尸间》引自美国《时代》杂志。图片反映的是在印度洋海啸中，医务工作者将泰国的一座寺庙用作临时停尸间，正在使用干冰来防止遇难者的遗体腐烂

图 10.20　2022 年 2 月 6 日凌晨，土耳其南部发生两次 7.8 级地震，造成极为严重的破坏
（来源：视觉中国）

自然灾害是当今世界面临的重大问题之一，联合国于1987年12月11日确定
20世纪90年代为"国际减轻自然灾害十年"（international decade for natural
disaster reduction，IDNDR）。其目标是：增进每一国家迅速有效地减轻自然灾
害的影响的能力，联合国发起的"国际减灾日"在1989年定于每年十月的第
二个星期三。2009年，联合国大会通过决议改为每年的10月13日（表10.2）。

表 10.2　历年国际减灾日主题

年份	主题
1991 年	减灾、发展、环境——为了一个目标
1992 年	减轻自然灾害与持续发展
1993 年	减轻自然灾害的损失，要特别注意学校和医院
1994 年	确定受灾害威胁的地区和易受灾害损失的地区——为了更加安全的 21 世纪
1995 年	妇女和儿童——预防的关键
1996 年	城市与灾害
1997 年	水：太多、太少——都会造成自然灾害
1998 年	防灾与媒体——防灾从信息开始
1999 年	减灾的效益——科学技术保护了生命和财产安全
2000 年	防灾、教育和青年——特别关注森林火灾
2001 年	抵御灾害，减轻易损性
2002 年	山区减灾与可持续发展
2003 年	面对灾害，更加关注可持续发展
2004 年	减轻未来灾害，核心是如何"学习"
2005 年	利用小额信贷和安全网络，提高抗灾能力
2006 年	减灾始于学校
2007 年	防灾、教育和青年
2008 年	减少灾害风险 确保医院安全
2009 年	让灾害远离医院
2010 年	让儿童和青年成为减少灾害风险的合作伙伴
2011 年	建设具有抗灾能力的城市——让我们作好准备
2012 年	女性——抵御灾害的无形力量
2013 年	面临灾害风险的残疾人士

续表

年份	主题
2014 年	提升抗灾能力就是拯救生命——老年人与减灾
2015 年	掌握防灾减灾知识，保护生命安全
2016 年	用生命呼吁：增强减灾意识，减少人员伤亡
2017 年	建设安全家园：远离灾害，减少损失
2018 年	减少自然灾害损失，创建美好生活
2019 年	加强韧性能力建设，提高灾害防治水平
2020 年	提高灾害风险治理能力
2021 年	构建灾害风险适应性和抗灾力
2022 年	早预警、早行动

10.4.2
自然灾害的特点

自然灾害是由自然因素引起的，其特点有以下几个方面：

（1）突发性。自然灾害通常都是突然发生的，很难提前预测和预防，例如地震、台风、龙卷风等。

（2）大规模性。自然灾害的影响范围广泛，涉及面积较大，可以跨越国家和地区的界限，例如地震、洪水、暴风雨等。

（3）高破坏性。自然灾害通常会造成巨大的破坏和损失，对人类的生命财产以及环境造成严重影响，例如地震、洪水、台风等。

（4）不可预测性。自然灾害的发生往往是不可预测的，虽然科技可以提供一些预测和警报，但总体上还是无法完全预测自然灾害的发生，例如地震、火山喷发、龙卷风等。

（5）持续性。自然灾害的影响通常是长期的，甚至可以持续几年或几十年，例如旱灾、沙漠化等。

自然灾害具有突发性、大规模性、高破坏性、不可预测性和持续性等特点（图 10.21），因此必须采取科学有效的预防和应对措施，以减轻其对人类社会和环境的影响。

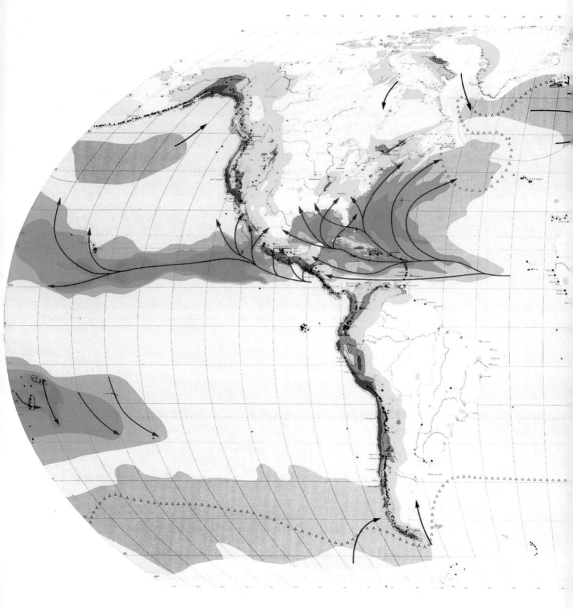

地震

☐ 区域 0 MM V级或V级以下
☐ 区域 1 MM VI级
☐ 区域 2 MM VII级
▨ 区域 3 MM VIII级
▨ 区域 4 MM IX级或IX级以上
🚇 具有"墨西哥城"效应的大城市

50 年超越概率 10%——相
当于 475 年一遇的地震在
普通底土情况下可能的最
大地震烈度（MM：经修正
的梅尔卡里地震烈度表）

海啸和风暴潮

〰 海啸灾害（地震海浪）
〰 风暴潮灾害
〰 海啸和风暴潮灾害

火山

▲ 最后一次爆发于公元 1800 年前
▲ 最后一次爆发于公元 1800 年后
▲ 异常危险的火山

热带风暴和旋风

☐ 1 级区 SS1（118 ～ 153 km/h）
☐ 2 级区 SS2（154 ～ 177 km/h）
▨ 3 级区 SS3（178 ～ 209 km/h）
▨ 4 级区 SS4（210 ～ 249 km/h）
▨ 5 级区 SS5（≥ 250 km/h）
➤ 热带风暴的主行进路线

图 10.21　慕尼黑再保险公司提供的全球
自然灾害在地球上不是均匀分布的

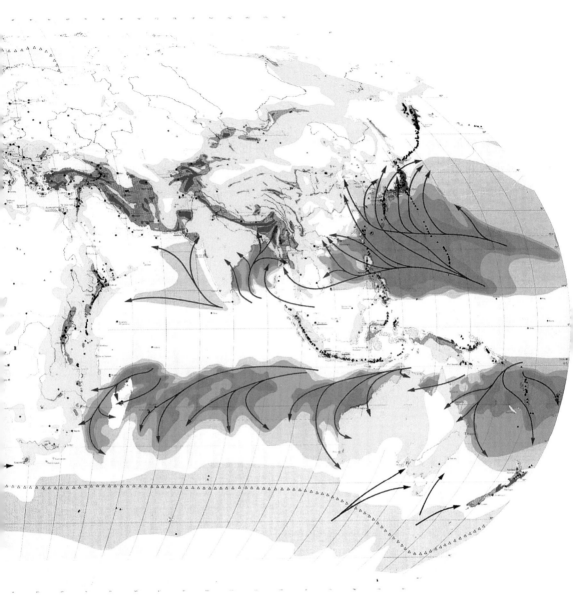

10 年内超越概率为 10%——百
年一遇的风暴最大强度（SS:
萨费尔－辛普森飓风轻度表）

非热带风暴 / 冬季风暴

☐ 主要发生在冬季的强烈非热带风暴

➚ 非热带风暴的主行进路线

其他自然灾害

△△ 冰山漂浮的界限

☐ 浮冰群（冬季最大限度）

☐ 每年超越概率为 10%——10 年一遇
高度 >5 m 的怒涛巨浪

国界

～ 国界

～ 有争议的国界
（对政治分界不具约束力）

城市

▫ 居民 >100 万

◦ 居民在 10 万到 100 万之间

◦ 居民 <10 万

▪◦ 首都

☐ 慕尼黑再保险公司代表处

分布图（来源：Munich Re Group, 2011）

类的灾害集中发生在某些特定地区

10.4.3
减轻自然灾害

自然界的异常变化，过去曾经发生，今后也会发生，从这点看，自然灾害难以避免。但随着科技的进步和社会防灾知识的普及，可以减轻自然灾害（图 10.22）。

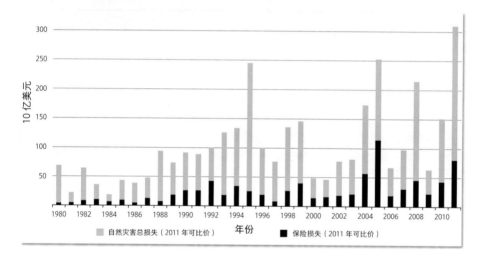

图 10.22　全球自然灾害造成的保险损失随时间的增加趋势
（来源：Münchener Rückversicherungs-Gesellschaft, GeoRisksResearch, NatCatSERVICE, 2011）

从灾害保险来看全球自然灾害损失随时间有增加的趋势。图中绿色表示每年的灾害损失（单位：10亿美元，下同）；深蓝色表示每年的保险损失（来源：Münchener Rückversicherungs-Gesellschaft, GeoRisksResearch, NatCatSERVICE, 2011）

减轻自然灾害，要从认识自然灾害开始。以地震为例，地震具有 3 种属性，自然科学属性、工程科学属性和社会人文科学属性（图 10.23）。不同种类的自然灾害的特性和减灾防御措施都是有所不同的。但减轻自然灾害主要思路大体是相同的。减轻灾害应该从这 3 种属性方面着手。

图 10.23　西方版画中记载的 1805 年意大利那不勒斯地震

图中显示的灾害场面可以看出地震的 3 种属性：大地震动地面开裂——自然科学属性；教堂倒塌、
建筑物破坏——工程科学属性；衣着不同的人们惊慌失措——社会人文科学属性

自然科学属性

　　要建立更有效的灾害监测方法。大多数自然灾害都有特定的原因和发生机制，了解灾害背后的影响因素及其相互关系是防灾减灾的基础。比如旱涝与太平洋异常洋流和天文潮汐中的汛期有关，地震则是地壳板块运动。应该应用先进的技术来全天候观察地球：为了观测天气变化，人类发明了气象卫星；为了预警海啸，人类在海底放置传感器，建立应急通信站。今天，人们在地面上建立了许多对地球四个圈层进行监测的科学观测点，由人造卫星、地面气象站、水文站、地震台、地质环境监测站等组成的自然灾害监测系统，主要对自然灾害的孕育、发生、发展和致灾的全过程进行动态监测。只有认识灾害发生的条件和发生的过程，才能对灾害进行危险性评估，确定灾害类型、特征及后果，以及社会承受灾害的能力。

　　探测灾害的前兆。灾害预测是推动人类技术进步的重要动力，人类预测灾害的能力不断提高。应用先进技术全天候观察地球，察觉灾害先兆。

预测未来，永远是一个非常难的问题。全球地面上有上万个气象台，每天上千个气球探测高空的大气参数，上百个气象卫星在天空飞来飞去。25 小时下雨 50 mm 称为暴雨，2021 年国际气象组织（WMO）数据表明，即使有如此先进的观测技术，全球暴雨预报的成功率（说下雨就下雨）仅为20%，其余为虚报（说了下雨没下雨）和漏报（没说就下雨）。我们既要重视灾害预报，又要对其效果做到心中有数。

工程科学属性

不断增加社会抵御灾害的能力。包括增加结构物的抗震和抗风能力，修建堤坝和障碍物以减少洪水和海啸的影响，起草并实施有关边坡坡度的规范以防止滑坡，建立灾害预警系统，防止从工程灾害转化为社会灾害。

采用先进的科技成果，合理使用减灾的工程措施，效果十分明显（图10.24，图 10.25）。2010 年海地地震震级为 7.3，强烈震动和地表破裂引发

图 10.24　北京大兴国际机场

北京大兴国际机场 140 万 m² 的航站楼，是按照客流量吞吐量 1 亿人次，飞机起降量 80 万架次的规模建设的（2040 年），是全球最大的单体隔振建筑，成为了全球减隔震行业的新标杆。航站楼设防为Ⅷ度，可抗御 20 km 外发生的 8 级大地震

图 10.25 台北 101 大楼（来源：Pixabay）

（上）台北 101 大楼占地面积 30 277 m²，建筑面积 39.8 万 m²，高 508 m，包含办公塔楼 101 层及高 60 m 的商业裙楼 6 层和地下楼面 5 层。2004 年 10 月，台北 101 大楼当时被认定为三项世界第一，分别为世界最高建筑物、世界最高使用楼层以及世界最高屋顶高度。（下）台北 101 大厦在 88 至 92 层挂置一个重 660 t 的钢球，被称为"减震球"。其直径达到了 5.5 m，重达 660 t，是世界上最大的摆式减震装置之一。在台风和地震情况下，利用大球的惯性来减缓建筑物的晃幅

建筑物倒塌，桥梁崩塌等灾害，最终造成约 30 万人死亡——实际死亡人数难以准确估计。2014 年智利近海发生 8.0 级地震，能量是海地 7.3 级地震的 5 倍多，地震不仅造成智利全国的强烈震动，南美洲玻利维亚和秘鲁两国许多建筑物也摇晃，但死亡人数不足 100 人，其中包括地震后海啸中的丧生者。这两份截然不同的灾害报告，表明高质量建筑工程能化解灾害损失。两个国家的工程质量差别太大了。

社会人文属性

我们目前还无法阻止自然灾害的发生，但提倡灾害意识，发展灾害文化，坚持预防为主，就有可能把地震灾害的危害程度减到最小（图 10.26）。

信息时代的到来给社会人文科学带来许多机遇，也带来了挑战。科学知识的普及、灾害信息的收集与快速传播，各种灾害网络平台的出现，对提高社会公众对灾害的科学认识和防范意识是十分重要的。但目前人类预测未来的能力还是十分有限的，社会公众应对这种预测能力应有客观、科学的认识，不应相信各种"灾害谣言"。科技工作者也应实事求是地向公众说明这一点。

自然灾害，小灾多，中灾少，大灾就更少（图 10.27）。每年小地震有几百万次，而 8.5 级的大地震 3 年才发生 1 次。全球中等规模的洪水一年发生 50 余次，特大洪水要千年才发生 1 次。

在灾害面前，应树立"小灾靠自己，中灾靠社区，大灾靠国家"的思想（图 10.28）。

图 10.26　孙思邈画像

中国唐代医学家孙思邈说过：大医医未病之人，中医医欲病之人，下医医已病之人。这段文字精辟地说明了预防的重要。有人说："天灾总是在人们将其淡忘时来临"。在灾害来临之前，做好减灾准备，就是预防为主的中心思想

图 10.27 不同直径的小行星
撞击地球的概率

小行星碰撞地球，直径 1 mm 的小天体，约 30 s 碰撞地球一次（大部分在大气层烧毁），一天都不知道有多少次碰撞。而像恐龙灭绝的大碰撞，6600 万年才碰撞了一次。这表明，自然灾害，小灾多，中灾少，大灾就更少

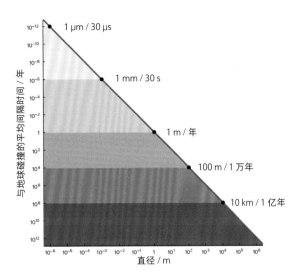

图 10.28 部队赶赴唐山地震现场救援

克服依赖思想，增强民众的防震减灾意识十分重要。1976 年唐山大地震从废墟中救出来的人员，家庭成员对被困者的救治贡献为 55.9%，街坊邻居的贡献为 40.9%，外来力量的贡献仅为 3.2%。据后来统计，驻唐部队万余人，仅占唐山救灾总兵力的 20%，然而他们抢救出了 15 893 名被埋压的居民，占救灾部队抢救出总人数的 96%（唐山市政协文史资料委员会，1995）。这从另一个侧面说明，当地的力量，一旦组织起来，就会成为救灾的主要力量，即使对于特大型灾害也是如此

联合国在新世纪开始时提出的减灾口号是：发展以社区为中心的减灾战略。从 21 世纪开始，中国政府开展了建设"综合减灾示范社区"的行动，到目前为止，已经在全国乡镇建设了许多"综合减灾示范社区"，在提高社区防灾减灾能力方面起到了良好的示范作用。

人生活在天地之间，以天地自然为生存之源、发展之本，在与自然的相互作用中，既要利用自然，发展人类文明，又要减轻自然变化给人类带来的灾害。自然灾害造成的死亡和毁灭的场景，如 2004 年印度洋海啸、2008 年中国汶川大地震、2011 年日本大海啸等，常常会浮现在社会公众的眼前。自然灾害虽然难以避免，但是科学技术的发展为处理减灾灾害问题提供了机遇，社会有效的灾害应急管理增加了减灾的实效。加强自然灾害的成因的研究，分享已经取得的减轻自然灾害及其影响的相关知识，一个更安全的世界等待我们共同创建。

主要参考文献
Reference

陈颙 . 2009. 汶川地震是由水库蓄水引起的吗 [J]. 中国科学 D 辑 : 地球科学 ,
　　39(3): 257-259.

美国国家研究理事会 . 2014. 地球科学新的研究机遇 [M]. 张志强 , 郑军卫译 .
　　北京 : 科学出版社 .

潘家铮 . 2011. 千秋功罪话水坝 [M]. 北京 : 清华大学出版社 .

钱钢 , 耿庆国 . 1999. 二十世纪中国重灾百录 [M]. 上海 : 上海人民出版社 .

人民教育出版社地理室 . 2004. 普通高中课程标准实验教科书 地理 (选修 5):
　　自然灾害与防治 [M]. 北京 : 人民教育出版社 .

唐山市政协文史资料委员会 . 1995. 唐山大地震百人亲历记 [M]. 北京 : 社会
　　科学文献出版社 .

汪品先 , 田军 , 黄恩清 , 等 . 2018. 地球系统与演变 [M]. 北京 : 科学出版社 .

中国大百科全书总编辑委员会 . 2002. 中国大百科全书 : 固体地球物理学、
　　测绘学、空间学 [M]. 北京 : 中国大百科全书出版社 .

中国水利百科全书编辑委员会 . 2006. 中国水利百科全书 [M]. 北京 : 中国水
　　利水电出版社 .

朱日祥 , 侯增谦 , 郭正堂 , 等 . 2021. 宜居地球的过去、现在与未来——地球
　　科学发展战略概要 [J]. 科学通报 , 66(35): 4485-4490.

Abbott P L. 2021. 自然灾害与生活 (第 9 版). 姜付仁等译 [M]. 北京 : 电子工
　　业出版社 .

Chen Y, Booth D C. 2011. The Wenchuan Earthquake of 2008: Anatomy of a Disaster[M]. Beijing: Science Press.

Earle S, Panchuk K. 2019. Physical Geology (2nd Edition) [M]. Victoria, B.C: BCcampus.

Engdahl E R and Villas eñor A. 2002. Global Seismicity:1900-1999//Lee W H K(edited). International handbook of earthquake and engineering seismology(Part A). Amsterdam: Academic Press.

Gower J. 2005. Jason-1 detects the 26 December 2004 tsunami[J]. EOS, 86(4): 37-38.

Grotzinger J, Jordan T H, Press F. 2007. Understanding Earth[M]. New York: WH Freeman.

Houghton J T, Ding Y, Griggs D J, et al. 2001. Climate Change 2001: The scientific Basis [M]. Cambridge: Cambridge University Press.

Kiehl J T, Trenberth K E. 1997. Earth's annual global mean energy budget[J]. Bulletin of the American Meteorological Society, 78(2): 197-208.

Lamb S, Singston D. 2003. Earth Story. Earth Story: The Forces That Have Shaped Our Planet. Princeton: Princeton University Press.

Plummer C C, McGeary D, Carlson D H. 1999. Physical Geology[M]. Boston: McGraw-Hill.

Pollack H N, Hurter S J, Johnson J R. 1993. Heat flow from the Earth's interior: analysis of the global data set[J]. Reviews of Geophysics, 31(3): 267-280.

Sepkoski J J. 1984. A kinetic model of Phanerozoic taxonomic diversity. III. Post-Paleozoic families and mass extinctions[J]. Paleobiology, 10(2): 246-267.

Wang K, Chen Q F, Sun S, et al. 2006. Predicting the 1975 Haicheng earthquake[J]. Bulletin of the Seismological Society of America, 96(3): 757-795.

提　示
Tips

---

p006 问题：从地面温度 15℃的山下登顶泰山（1532.7 m），山顶的温度和气压是多少？

p006 提示：根据国际计量大会标准，每上升 100 m，温度下降约 0.65℃，从海平面开始，每上升 100 m，气压下降约 1.0 kPa。因此，在 1532 m 高的泰山山顶，温度约为（15-0.65×15.32）℃ ≈ 5.3℃左右，气压约为（101.325-1.0×15.32）kPa ≈ 86.95 kPa。需要注意的是，实际气压还会受到天气变化等因素的影响，具体数值可能会有所偏差。同样的方法可以估计珠峰顶上的温度和气压值。

---

p007 问题：民航飞机巡航飞行高度多在平流层底部，为什么中国－北美之间喜欢选择北极航线？

p007 提示：北极的平流层底部海拔较低，飞行高度也较低，相比南北太平洋航线的飞行高度在 10 ～ 13 km 左右的平流层，飞行高度更低的北极航线有利于降低飞行阻力，进一步减少燃油消耗和碳排放。而且，相比传统的南北太平洋航线，北极航线更为直接，可以节省飞行距离和时间。随着全球变暖导致北极冰层逐渐消融，北极航线的可行性和经济性也在不断提高。

---

p008 问题：如果没有大气层，地球会怎样？

p008 提示：如果没有大气层，地球将会变得非常不适宜生命存在：①地球表面将迅速失去热量，导致温度骤降；②没有大气层，地球上就没有氧气，生命将无法在这样的环境中存活；③强烈辐射：地球将暴露在来自太空的强烈辐射中，包括紫外线和 X 射线；④大气层还为地球提供了保护层，能够阻挡来自太空的陨石和彗星碎片。

---

p008 问题：地球上是山高，还是水深？

p008 提示：陆地最高的珠穆朗玛峰 8800 多米，海洋最深处的马里亚纳海沟却有

11000 米。到现在为止，登上珠峰的有几千人，但成功下潜到马里亚纳海沟的只有几个人。

---

p010 问题：为什么海水是咸的，海冰却是淡的？

p010 提示：盐的溶解度随温度下降而降低，结冰时，海面附近的水慢慢结晶，而水中的盐会溶入海冰下层的海水，所以海面上结的冰是淡的。如果把海水直接放到冰箱里速冻，水和盐都会快速结晶，所结的冰和海水的咸度是一样的。

---

p011 问题：地球上有多少冰？

p011 提示：地球的陆表面大约有 1/10 被冰覆盖，在南北两级形成厚厚的冰盖。南极冰盖最厚处达 4000 多米，总体积约为 2500 万立方千米。

---

p033 问题：煤和石油是如何生成的？

p033 提示：煤和石油都是化石燃料，是从古代植物和动物的遗体和生物碎屑中形成的。煤的生成是在古代的沉积作用中，植物遗体和生物碎屑被埋在泥沙和碎石中，逐渐被压实和加热，水分和气体被排出，形成煤炭。石油的生成是在古代的海洋沉积作用中，微生物和浮游生物死后沉积在海底，被覆盖在泥石中，逐渐被压实和加热，形成油藏。它们储藏了古代的太阳能。

---

p035 问题：家中每天平均用电 2 度（2 千瓦小时），欲安装太阳能电池供电，如何选择电池的面积？

p035 提示：太阳能电池的平均发电潜力约为 $1\ kw/m^2$。现代太阳能电池的效率通常在 10% 到 20% 之间。假设所在地日照时间为 8 小时，使用 20% 效率的太阳能电池，需要安装的电池面积为：

2 千瓦小时 / 日 ÷（8 小时 / 日 ×0.2）= 1.25 平方米

因此，如果每天平均用电量为 2 度（2 千瓦小时），并希望使用太阳能电池供电，需要安装大约 1.25 平方米的太阳能电池。需要注意的是，这只是一个粗略的估计，实际情况还需要根据具体的条件进行计算。

---

p038 问题：为什么地下室冬暖夏凉？

p038 提示：地下室冬暖夏凉是因为地下室位于地下深处，可以得到地下深处的恒定温度，这个温度通常比地面温度稳定，地面温度的变化对地下室温度影响很小。冬季时地下深处比地面温度更高，夏季时地下深处比地面温度更低。此外，地下室四周被土壤包围，土壤的保温性能比建筑墙体要好，也有助于保持地下室的温度稳定。井水冬暖夏凉，也是同样的道理。

p046 问题：树木生长靠什么？

p046 提示：树木的生成需要满足三个要素：适宜的温度、适宜的湿度和适宜的土壤。在适宜的温度和湿度条件下，树木通过种子或者繁殖器官进行繁殖。种子萌发后，树木在土壤中吸收养分，进行光合作用，从而生长。同时，树木的生长也受到环境的影响，比如光照、水分、营养等，这些因素也会影响树木的生长和繁殖。

p058 问题：某地 A，一般建筑物的设防地震烈度是Ⅷ度。什么地震能在 A 地造成烈度Ⅷ的影响？

p058 提示：对于大多数地震，在 A 点附近发生的 6 级地震的震中烈度是Ⅷ度。50 km 外发生的地震，能够在 A 点造成Ⅷ度破坏的，地震震级要达到 7 级，100 km 外的地震，能够在 A 点产生Ⅷ度破坏的，震级要达到 8 级。

p074 问题：离你 50～200 km 的地方发生地震，人会感到两次明显的震动，根据两次震动的时间差，可以判断地震离你有多远吗？

p074 提示：在这种距离，地震主要产生两类波，P 波和 S 波，它们速度不一样，时间差乘以 8，就是地震离你的距离。

p104 问题：为什么火山产地的葡萄酒性价比较高？

p104 提示：火山土壤中含有丰富的矿物质和微量元素，如铁、镁、钾等，这些元素对葡萄的生长和果实的成熟有很好的促进作用。此外，火山土壤还具有良好的排水性和保水性，这样可以使葡萄根系更好地吸收养分和水分，从而更好地生长，这也是其性价比较高的原因之一。

p114 问题：你能在脸盆中制造"浅水波"吗？

p114 提示：脸盆盆底放一块面积为 S 的玻璃薄板（密度比水重的任何薄板均可），倒入厚度为 H 的自来水，想办法突然向上提升薄板 1 cm，只要 $S \gg H$，即可产生浅水波。如果脸盆盆底是弧形的（盆口比盆底大很多），你就可以看见水波沿脸盆侧面上冲得很高，一个人造海啸就产生了。

---

p115 问题：船长在深海上得到了发生海啸的消息，船应开往何处？

p115 提示：远离海岸，因为海啸波在深海的传播速度虽然快，但波浪平缓，比波浪越来越高的近岸更加安全。

---

p134 问题：为什么飞机从伦敦飞北京比北京飞伦敦要快 1 小时？

p134 提示：因为飞机航线经过的平流层底部受到对流层顶部的西风带影响，所以几乎常年都吹着西风。伦敦飞北京，顺风，北京飞伦敦，逆风。

---

p136 问题：如果地球的自转轴倾角是零度，会发生什么？

p136 提示：自转轴倾角是行星的自转轴与轨道平面垂直线的夹角。现在地球自转轴倾角为 23.4°，如果倾角为 0° 的话，地球将不会经历春夏秋冬的季节变化，没有季风，极昼极夜现象消失。

---

p138 问题：2023 年冬奥会为什么不在东北，而在北京举行？

p138 提示：国际奥委会在选择冬奥会申办城市时有一个限制性条件，即温度不能低于零下十八摄氏度（冰雪运动的摩擦力在低温下会变大）。中国东北地区属于内陆高寒气候，受西伯利亚寒流影响，冬季常有零下二十摄氏度以下的低温，过于寒冷。另外还考虑到，东北地区的基础设施建设、场地打造等还有欠缺。

---

p156 问题：与"温室效应"对应，会有"冰箱效应"吗？

p156 提示："雪球地球"即全球冰冻现象。科学家推测，由于火山喷发以及蓝菌或蓝绿藻等的作用，温室效应被破坏，全球温度下降到 –50℃。"雪球地球"在地球历史中出现过多次。但是在当今的气候变化中，"温室效应"是主要因素，而"冰箱效应"则相对很小。

---

p206 问题：为什么人们称雪崩是"白色妖魔"？

p206 提示：雪崩时，积雪从山体高处借重力作用顺山坡向山下崩塌，随着雪体的不断下降，速度也会飞速增大，一般 12 级台风速度为 32 m/s，而雪崩能达到 97 m/s，速度极大，具有突发性、破坏力强等特点，被人们称为积雪山区的"白色妖魔"。